优雅的钩针编织
超实用毛衫和小物

日本靓丽社 　编著

张艳辉 　译

河南科学技术出版社

·郑州·

目录

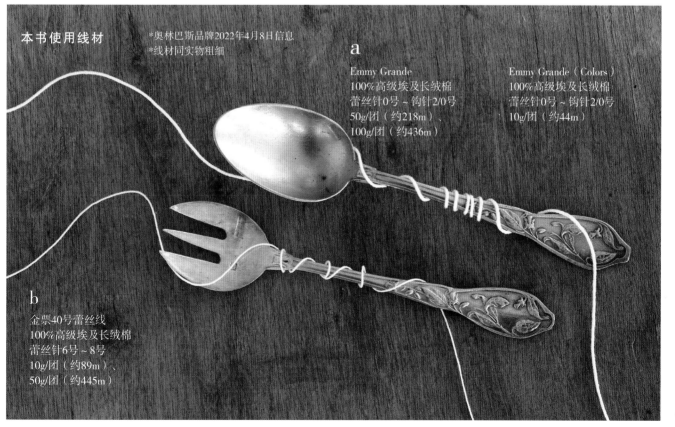

本书使用线材　*奥林巴斯品牌2022年4月8日信息
*线材同实物粗细

a

Emmy Grande
100%高级埃及长绒棉
蕾丝针0号~钩针2/0号
50g/团（约218m）、
100g/团（约436m）

Emmy Grande（Colors）
100%高级埃及长绒棉
蕾丝针0号~钩针2/0号
10g/团（约44m）

b

金票40号蕾丝线
100%高级埃及长绒棉
蕾丝针6号~8号
10g/团（约89m）、
50g/团（约445m）

花束花样的
圆育克开衫

1

镂空编织花束花样的精致圆育克开衫。
无纽扣设计，敞开或用胸针随意合上，
穿着舒适方便。

编织方法 p.38

线…奥林巴斯 Emmy Grande
设计…风工房

方眼编织的百合花套头衫

方眼编织的套头衫，整个身片
采用大面积百合花造型。
花朵中心采用爆米花针，
使花样呈现立体感。

编织方法 p.42

线…奥林巴斯 Emmy Grande
设计…岸睦子

2

4

布鲁日蕾丝
法式套头衫

使用布鲁日蕾丝技法，左右往返
钩织育克，设计独特。
身片由小巧的菠萝花样组合而成，
搭配方领及连肩袖，增添干练简
洁印象。

编织方法 p.46

线…奥林巴斯 Emmy Grande
设计…藤木裕子

3

4

叶片花样的背心

纤细、轻柔的背心,门襟使用叶
片花样点缀。
叶片花样同身片相连编织而成,
侧身无须缝合,线头处理少,易
于编织。

编织方法 p.50

线…奥林巴斯 金票 40 号蕾丝线
设计…河合真弓

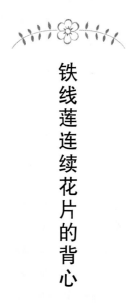

5

铁线莲连续花片的背心

钩织花瓣如风车般的铁线莲花片，点缀于下摆。
身片设计成人字纹风格的镂空编织，与下摆相互映衬。

编织方法 p.54

线…奥林巴斯 Emmy Grande
设计…秋山大和子

葡萄造型下摆的开衫

6

饱满的葡萄造型花片，装饰着精
致的短袖开衫。
象牙白色线材百搭任何服饰，春
夏秋随心穿着。

编织方法 p.33

线···奥林巴斯 Emmy Grande
设计···志田瞳
制作···樱井由香

花朵花片搭配布鲁日蕾丝的套头衫

7

优雅的棕色套头衫，胸口的布
鲁日蕾丝和立体花朵花样为装
饰亮点。
搭配长袖打底衫，天气稍凉也
能穿。

编织方法 p.58

线…奥林巴斯 Emmy Grande
设计…草岛亚纪子

树叶花样的开衫

8

从领子开始编织，逐渐加大树叶花样。
镶边部分呈锁边绣风格，包扣的造型如同果实。
款式 8 色调清凉，款式 9 色调温暖，是适合春秋季节的设计。

编织方法 p.62

线…奥林巴斯 Emmy Grande
设计…柴田淳

9

10

叶片花样的两用披肩

通透质感的轻便披肩，
吊饰般自然下垂排列的叶片花样显眼夺目。
简单披在肩上，
或者像沙笼式围裙那样裹在腰上，都很俏皮可爱。

编织方法 p.75

线…奥林巴斯 Emmy Grande、Emmy Grande（Colors）
设计…秋山志津江

报春花手袋

蓝灰色的扁平手袋，中间装饰着立体花朵。
贝壳粉色和深红色的花朵交错布置，更显华丽。

编织方法 p.30

线…奥林巴斯 Emmy Grande、Emmy Grande（Colors）
设计…冈田沙织

11

12

布鲁日蕾丝长披巾

这款布鲁日蕾丝的清凉长披巾，如水波纹般随风荡漾。编织过程中可随意调节长度，令人乐在其中。

编织方法 p.32

线…奥林巴斯 Emmy Grande、Emmy Grande（Colors）
设计…冈本启子
制作…宫本宽子

13

14

U形布鲁日蕾丝的装饰领，呈现可爱的贝壳造型。
款式13为童装款（身高90~100cm），款式14为成人款。
只需增减花片数量就能调节尺寸，制作轻松。

编织方法 p.66

线…奥林巴斯 金票40号蕾丝线
设计…冈本启子
制作…宫崎满子

15

16

花朵花片的帽子

造型别致的帽子，犹如在窗边观赏绚丽多彩的花朵。款式 15 雅致，款式 16 清爽。可折叠，方便随身携带。

编织方法 p.68

线…奥林巴斯 Emmy Grande、Emmy Grande（Colors）
设计…草岛亚纪子

布鲁日蕾丝手袋和小包

17

18

布鲁日蕾丝将中心的花朵造型围起，
钩织成精巧的小包。
尺寸随心调节，
制作成手袋或小包都合适。

编织方法 17、18　p.70
**　　　　　19　p.72**

线···奥林巴斯 Emmy Grande
设计···秋山志津江

19

叶片花样的围巾
和束口袋

20

21

向上延伸的叶片花样的围巾，
搭配同款束口袋。
方眼编织的设计，轻松制作完成。
选择稳重的橄榄绿色，突显成熟气质。

编织方法 20 p.74
21 p.78

线…奥林巴斯 金票 40 号蕾丝线
设计…水原多佳子

雏菊花片的小物件

将雏菊花片继续向外钩织，
制作出各种样式。
款式22的杯垫边缘继续向外
钩织，就变成款式23的垫布。
米白色线编织而成，清爽简
洁。

线⋯奥林巴斯 Emmy Grande
设计⋯镰田惠美子

22

23

以款式 23 的垫布为基本设计，制作成单面 4 片拼接而成的靠垫套，或 12 片拼接而成的盖毯。单个花片较大，外观造型华丽。

24

25

26

27

小花连续花片的宝宝帽和长上衣

不断线连续编织，小花的
连续花片甚是可爱。
织上一套，送给自己的小
宝贝。尺码方面，最适合身
高80～90cm的宝宝。

编织方法 26 p.88
　　　　 27 p.81

线…奥林巴斯 Emmy Grande
设计…冈真理子
制作…小泽智子

28

设计了扇形饰边、球球等，是一款注重细节
的精致围兜。
把蝴蝶结系在前面，还能作为小孩的装饰领。
适合身高 110cm 左右的孩子佩戴。

编织方法 p.90

线…奥林巴斯 Emmy Grande
设计…冈真理子

作品的编织方法

〈使用线材〉
奥林巴斯 Emmy Grande
蓝灰色（486）85g［50g/团 2团］
奥林巴斯 Emmy Grande（Colors）
贝壳粉色（161）15g［2团］
深红色（192）15g［2团］
〈工具〉
钩针 2/0 号
〈编织密度〉
编织花样 2 个花样 = 约4.5cm 15 行 =10cm
〈成品尺寸〉
宽 23cm 长 25.5cm

〈编织要领〉
1. 锁针起针，按编织花样钩织主体。
2. 接着，钩织边缘编织。
3. 锁针起针，按短针、引拔针钩织提手。
4. 线环起针，钩织 1 片花片 A。
5. 第 2 片之后，在最终行钩织接合于相邻
　 的花片的同时，分别钩织 6 片花片 A 及
　 花片 B。
6. 线环起针，钩织 5 片花片 C，接合于花
　 片 A 及花片 B。
7. 卷针缝合主体的包底和★，然后将连续
　 花片缝合于主体。
8. 将提手缝合于主体。

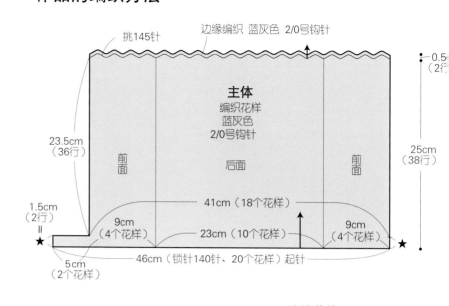

A = 花片 A（6片）
B = 花片 B（6片）
C = 花片 C（5片）

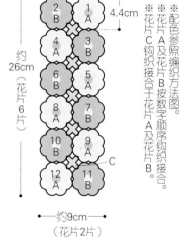

连续花片
2/0号钩针

▶ = 断线

提手（2条）
短针、引拔针
蓝灰色 2/0号钩针
※两股线钩织。

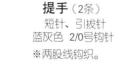

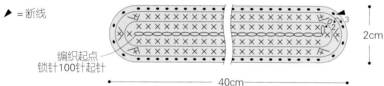

编织起点
锁针100针起针
40cm

组合方法

①对齐各★卷
针缝合
②卷针缝合包底

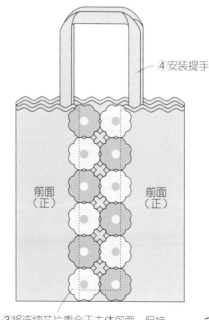

④安装提手

③将连续花片重合主体前面，保持
正面平整的状态，从反面缝合

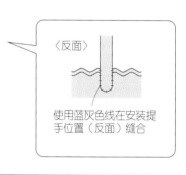

〈反面〉
使用蓝灰色线在安装提
手位置（反面）缝合

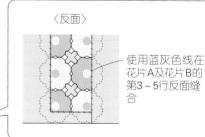

〈反面〉
使用蓝灰色线在
花片A及花片B的
第3～5行反面缝
合

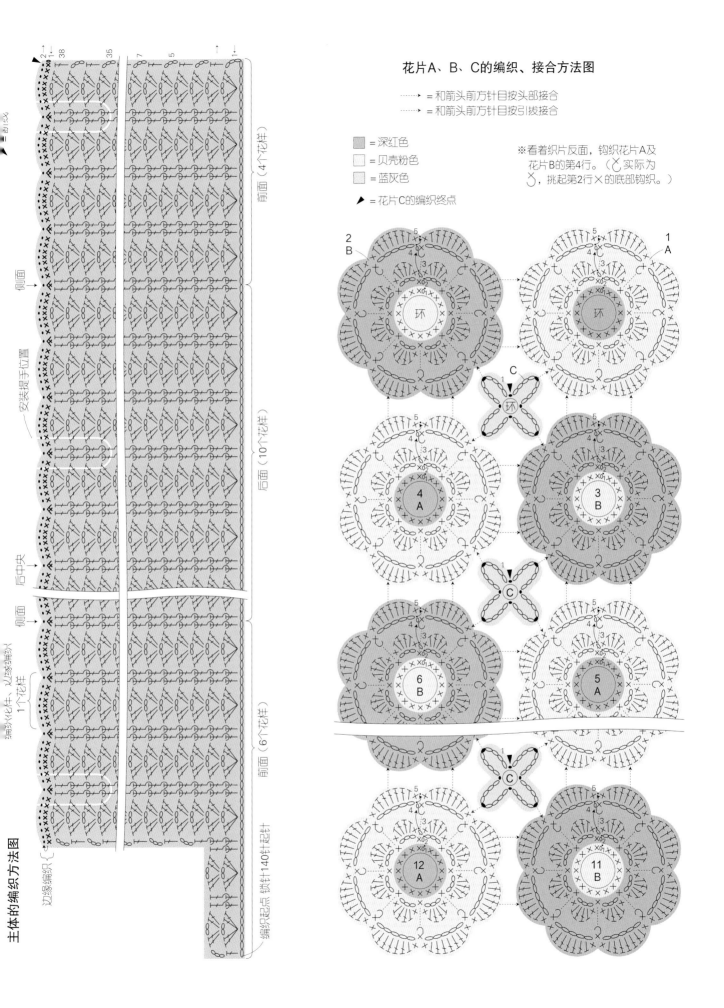

主体的编织方法图

边缘编织{

编织花样、边缘编织
1个花样

侧面

后中央

后面（10个花样）

安装提手位置

侧面

前面（4个花样）

前面（6个花样）

编织起点 锁针140针起针

花片A、B、C的编织、接合方法图

┈┈┈▸ = 和箭头前方针目按头部接合

┈┈┈▸ = 和箭头前方针目按引拔接合

▨ = 深红色

▦ = 贝壳粉色

▧ = 蓝灰色

▶ = 花片C的编织终点

※看着织片反面，钩织花片A及
花片B的第4行。（✕ 实际为
✕，挑起第2行✕的底部钩织。）

长披巾的编织方法图

编织步骤
①钩织773行织带。
②钩织接合于织带的同时，钩织33片花片。

〈使用线材〉
奥林巴斯 Emmy Grande
粉蓝色（361）65g［50g/团 2团］
淡蓝色（364）20g［50g/团 1团］
奥林巴斯 Emmy Grande（Colors）
亮蓝色（305）7g［1团］
〈工具〉
钩针 2/0 号
〈成品尺寸〉
长约152cm　宽约16cm
〈编织要领〉
1. 锁针起针，钩织织带。
2. 线环起针，钩织花片。最终行钩织接合于织带，共钩织33片。

■ = 亮蓝色
□ = 淡蓝色
□ = 粉蓝色

编织终点

约152cm（773行、16.5个花样）

织带
46行1个花样

织带
粉蓝色
2/0号钩针

花片
（33片）
第1行：亮蓝色
第2行：淡蓝色
2/0号钩针

编织起点
锁针1针起针

约16cm

〈使用线材〉
奥林巴斯 Emmy Grande
象牙白色（732）325g [50g/团 7团]

〈其他材料〉
纽扣（直径 15mm）7 个

〈工具〉
钩针 2/0 号

〈编织密度〉
编织花样 4 个花样 =11cm
14.5 行 =10cm

〈成品尺寸〉
胸围 98cm 肩宽 36cm 衣长 57.5cm 袖长 25.5cm

〈编织要领〉
1. 锁针起针，按编织花样分别钩织后身片、左右前身片、衣袖。
2. 锁针和引拔针接合肩部。
3. 锁针和引拔针缝合胁部、袖下。
4. 前门襟、领窝、袖口钩织边缘编织。
5. 下摆钩织短针。
6. 锁针起针，钩织 12 片花片。
7. 钩织锁针和引拔针，将花片连接于下摆。
8. 钩织锁针和引拔针，将衣袖接合于身片。
9. 缝上纽扣。

※减针参照编织方法图。

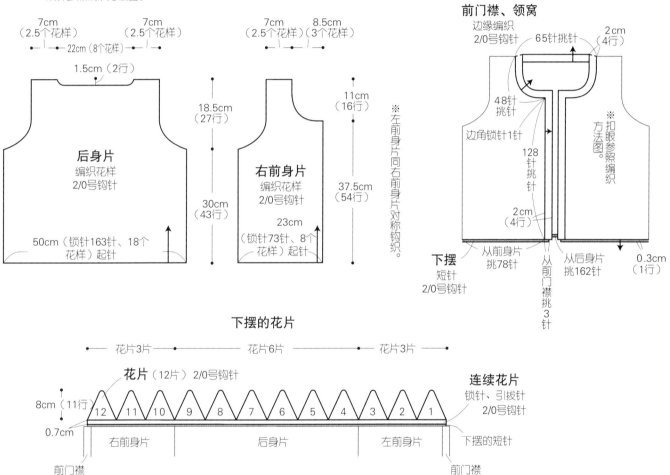

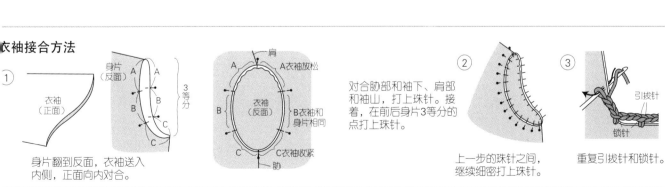

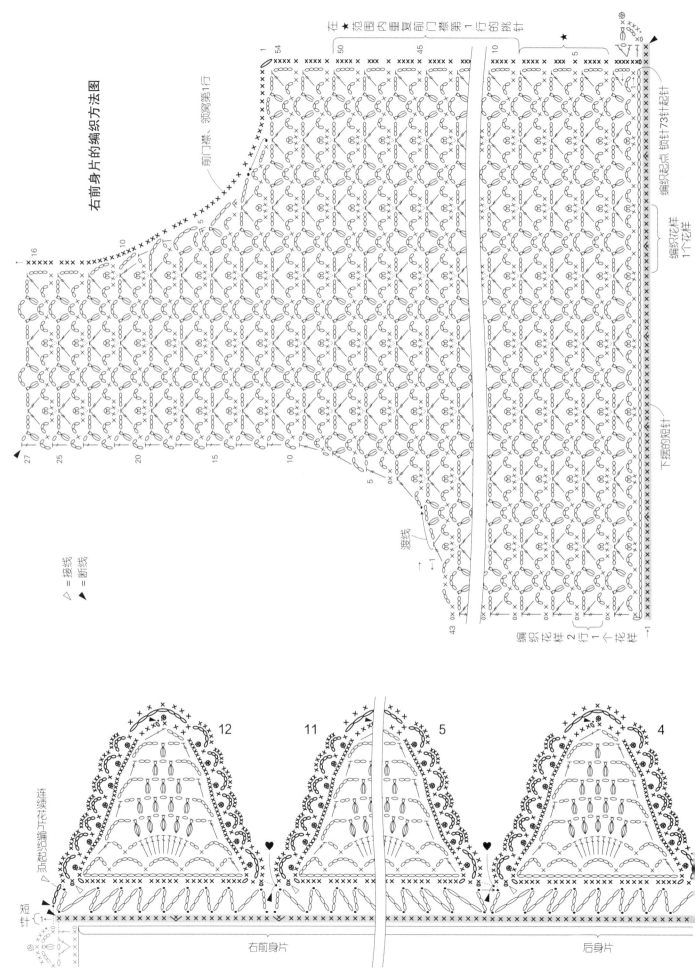

右前身片的编织方法图

△ = 接线
▲ = 断线

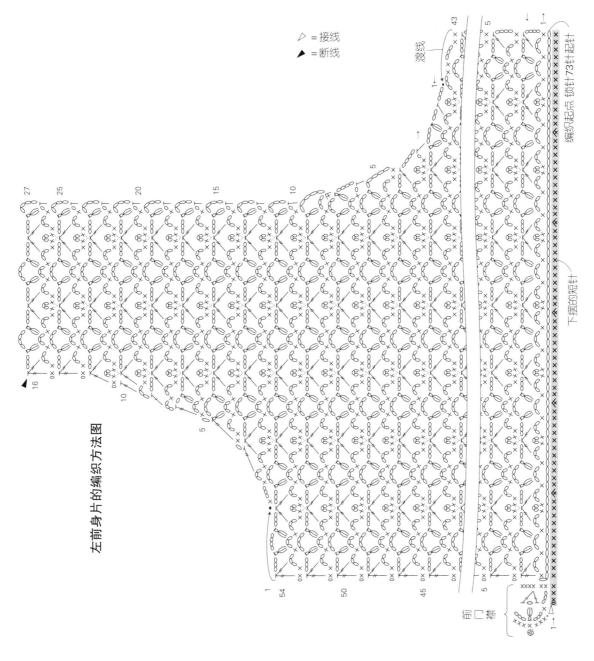

左前身片的编织方法图

▷ = 接线
▶ = 断线

花片的编织方法图

♥ = 钩织完成连续花片之后，使用花片编织
终点的线头和相邻花片钩织引拔针

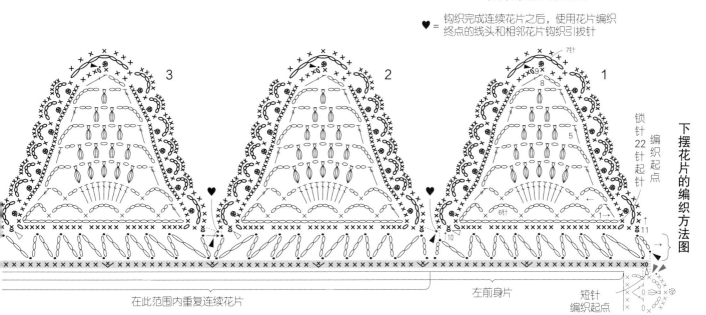

下摆花片的编织方法图

在此范围内重复连续花片

左前身片

短针
编织起点

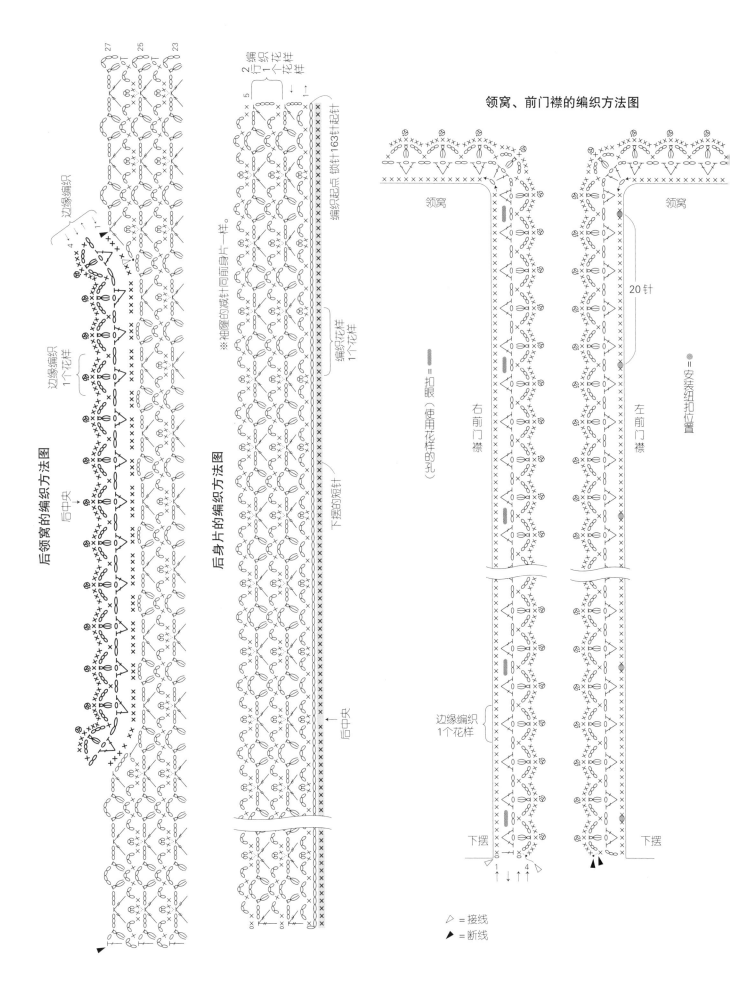

领窝、前门襟的编织方法图

后领窝的编织方法图

后身片的编织方法图

边缘编织

边缘编织
1个花样

后中央

※袖窿的减针同前身片一样。

2行编织1个花样

编织起点 锁针163针起针

编织花样
1个花样

下摆的短针

后中央

领窝

领窝

右前门襟

左前门襟

20针

=扣眼（使用花样的孔）

=安装纽扣位置

下摆

下摆

△ =接线

▲ =断线

衣袖的编织方法图

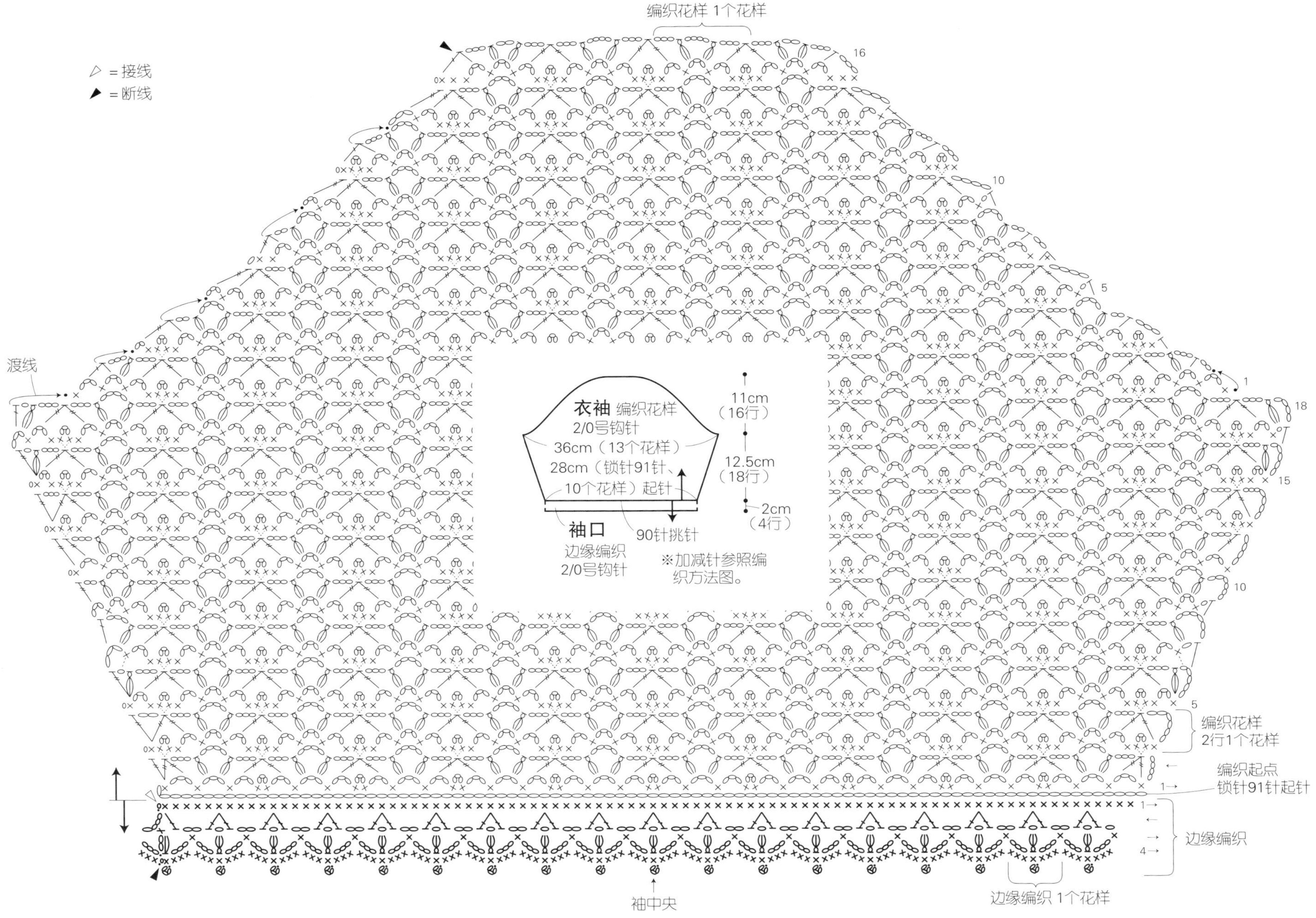

编织花样 1个花样

编织花样 2行1个花样

编织起点
锁针91针起针

边缘编织

边缘编织 1个花样

11cm
(16行)

12.5cm
(18行)

2cm
(4行)

衣袖 编织花样
2/0号钩针

36cm（13个花样）
28cm（锁针91针）
10个花样（起针）

袖口
边缘编织
2/0号钩针

90针挑针

※加减针参照编
织方法图。

袖中央

△ = 接线

▲ = 断线

漫线

〈使用线材〉
奥林巴斯 Emmy Grande
绿茶色（243）260g ［100g/团 3团］
〈工具〉
钩针 2/0 号
〈编织密度〉
编织花样 A 3 个花样 =14.5cm
17 行 =10cm

〈成品尺寸〉
胸围约 97.5cm　衣长约 55.5cm　连肩袖长约 37.5cm
〈编织要领〉
1. 锁针起针，按编织花样 A 钩织前后身片、衣袖。
2. 从后身片挑针，按编织花样 A 钩织 4 行前后差。
3. 从前后身片、衣袖挑针，按编织花样 A'钩织育克。
4. 锁针和引拔针缝合袖下。
5. 锁针和引拔针接合衣袖和身片的各拼合标记。
6. 下摆、前门襟、领窝、袖口钩织边缘编织。

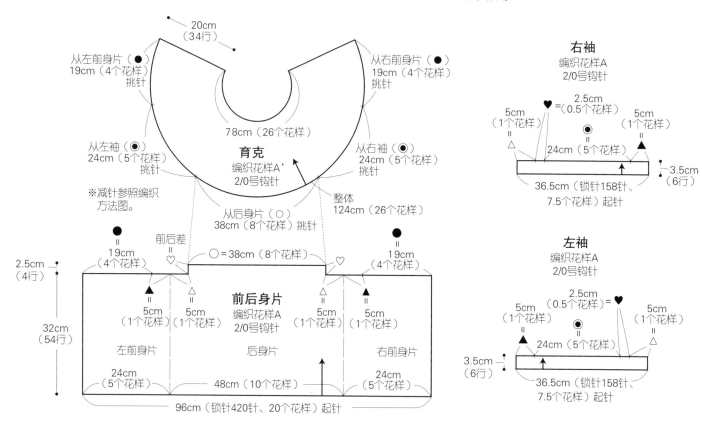

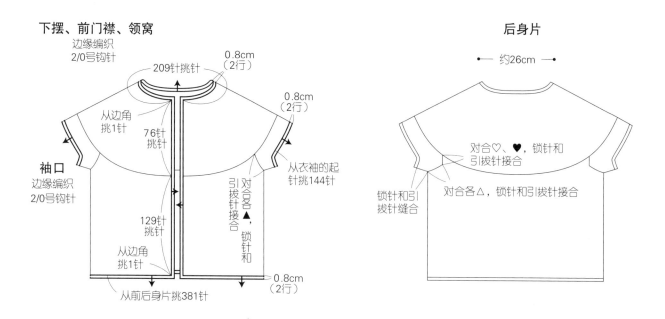

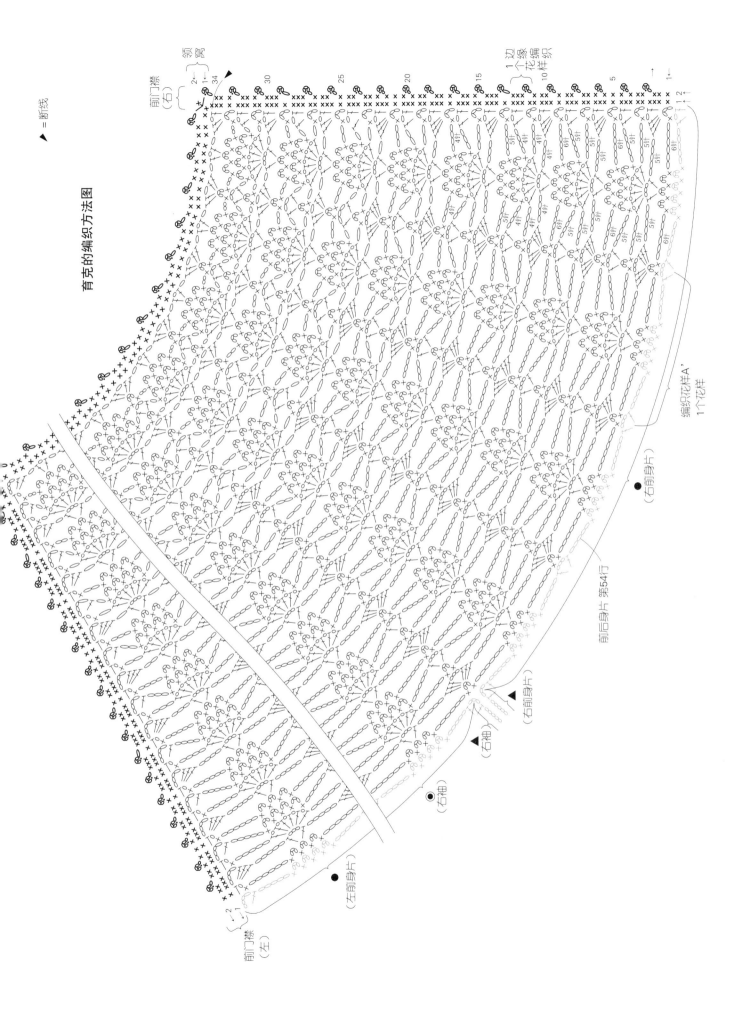

育克的编织方法图

▲ = 断线

领窝
前门襟（右）

1 边缘编织
1个花样
样花织编

编织花样A'
1个花样

（右前身片）

前后身片 第54行

（右前身片）

（右袖）

（左前身片）

前门襟（左）

（右袖）

（左前身片）

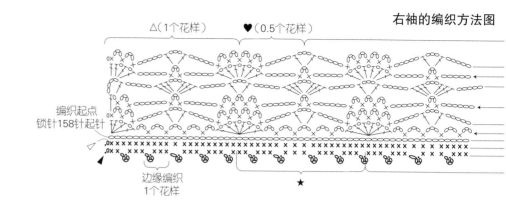

右袖的编织方法图

△（1个花样）　♥（0.5个花样）

编织起点
锁针158针起针

边缘编织
1个花样

★

▷ =接线
▶ =断线

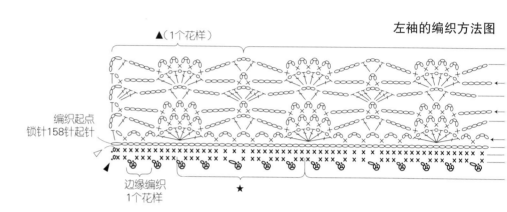

左袖的编织方法图

▲（1个花样）

编织起点
锁针158针起针

边缘编织
1个花样

★

前后身片的编织方法图

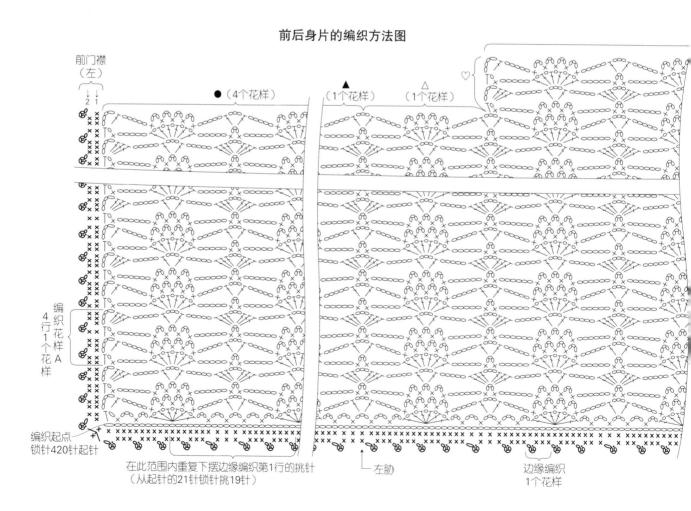

前门襟
（左）

2 1

●（4个花样）　　▲（1个花样）　△（1个花样）　♥

编织
花样A
4
行
1
个
花
样

编织起点
锁针420针起针

在此范围内重复下摆边缘编织第1行的挑针
（从起针的21针锁针挑19针）

左胁

边缘编织
1个花样

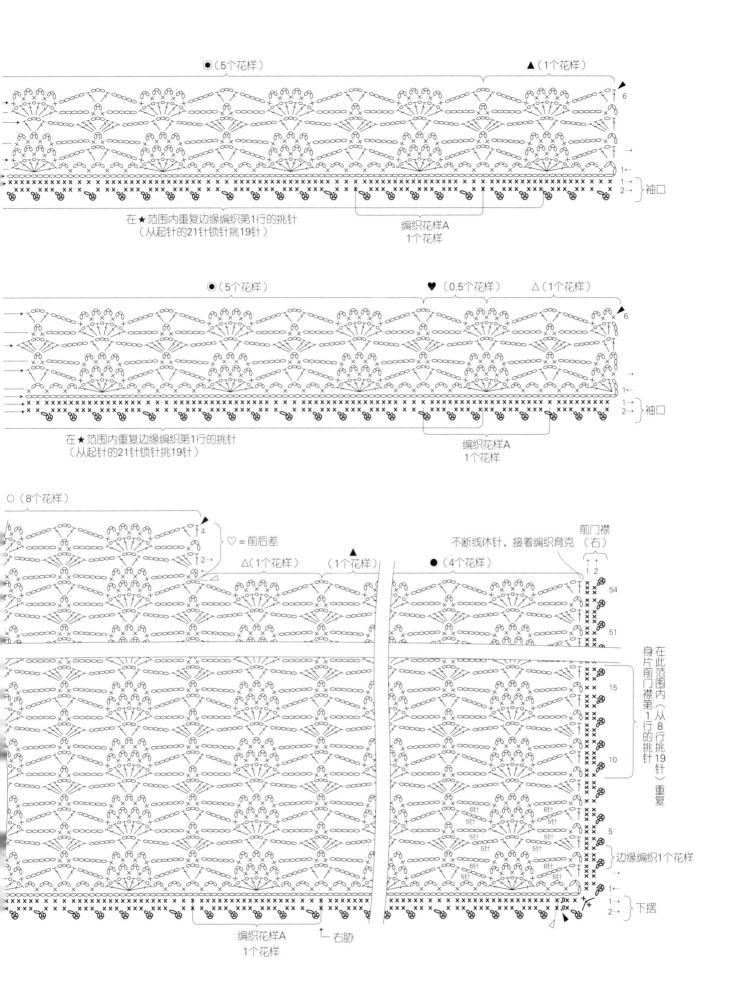

● （5个花样）　　　　　　　　　▲（1个花样）

6

1

1
2 袖口

在★范围内重复边缘编织第1行的挑针
（从起针的21针锁针挑19针）

编织花样A
1个花样

● （5个花样）　　♥（0.5个花样）　△（1个花样）

6

1

1
2 袖口

在★范围内重复边缘编织第1行的挑针
（从起针的21针锁针挑19针）

编织花样A
1个花样

○（8个花样）

4

2

♡＝前后差

△（1个花样）　　（1个花样）　　●（4个花样）

不断线休针，接着编织育克

前门襟
（右）

1 2

54

51

15

10

在此范围内（从8行挑19针）重复
身片前门襟第1行的挑针

5

边缘编织1个花样

6针
5针

6针
5针

5针

5针

6针
5针

6针
5针

1

1
2 下摆

编织花样A
1个花样

右胁

41

〈使用线材〉
奥林巴斯 Emmy Grande
金色（514）245g［50g/团 5团］
〈工具〉
蕾丝针 0 号
〈编织密度〉（10cm×10cm 面积内）
编织花样 39.5 针（13 个网格）14 行
〈成品尺寸〉
胸围 96cm 衣长 56.5cm
连肩袖长 32.5cm
〈编织要领〉
1. 锁针起针，按编织花样钩织后身片、前身片。
2. 锁针和短针接合肩部。
3. 锁针和短针缝合胁部。
4. 从前后身片挑针，按边缘编织 A 钩织下摆，边缘编织 B 钩织袖口，边缘编织 C 钩织领窝，且均环形编织。

领窝
边缘编织C
0号蕾丝针

从后身片
89针挑针

2.5cm
（5行）

4.5cm
（8行）

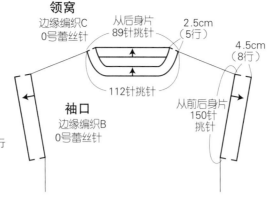

112针挑针

袖口
边缘编织B
0号蕾丝针

从前后身片
150针
挑针

5针长针的爆米花针

钩织5针长针，先将钩针拔出之后再如图所示重新插入。

如箭头所示，引拔。

挂线于钩针，如箭头所示引拔。

※看着织片反面钩织的行中，步骤①如箭头所示插入钩针进行钩织。

※按照相同方法钩织4针长针。

织入上一行的针圈和针圈之间

将上一行的锁针挑起成一束

下摆的编织方法图

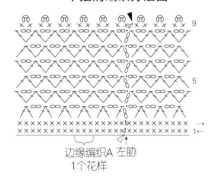

边缘编织A 左胁
1个花样

袖口的编织方法图

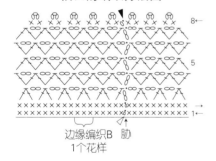

边缘编织B 胁
1个花样

领窝的编织方法图

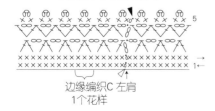

边缘编织C 左肩
1个花样

1个网格

下摆的第1行

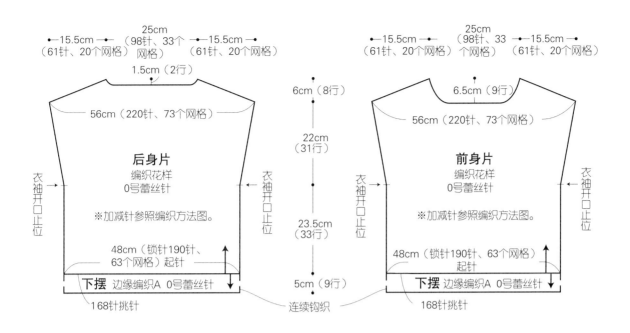

25cm
←─15.5cm─→ （98针、33个 ←─15.5cm─→
（61针、20个网格） 网格） （61针、20个网格）

1.5cm（2行）

56cm（220针、73个网格）

后身片
编织花样
0号蕾丝针

※加减针参照编织方法图。

衣袖开口止位

48cm（锁针190针、
63个网格）起针

下摆 边缘编织A 0号蕾丝针

168针挑针

6cm（8行）

22cm
（31行）

23.5cm
（33行）

5cm（9行）

连续钩织

25cm
←─15.5cm─→ （98针、33 ←─15.5cm─→
（61针、20个网格） 个网格） （61针、20个网格）

6.5cm（9行）

56cm（220针、73个网格）

前身片
编织花样
0号蕾丝针

※加减针参照编织方法图。

衣袖开口止位

48cm（锁针190针、63个网格）
起针

下摆 边缘编织A 0号蕾丝针

168针挑针

后身片、前身片（下摆至衣袖开口止位）的编织方法图

△ = 接线　　▶ = 断线
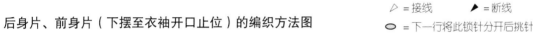= 下一行将此锁针分开后挑针

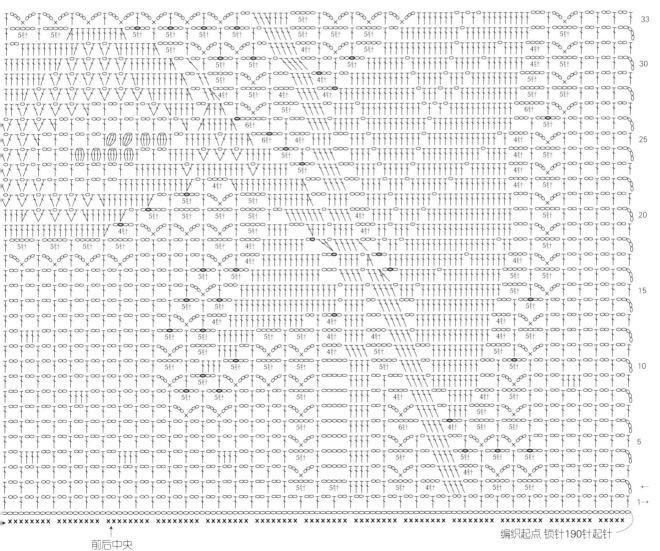

前后中央

编织起点 锁针190针起针

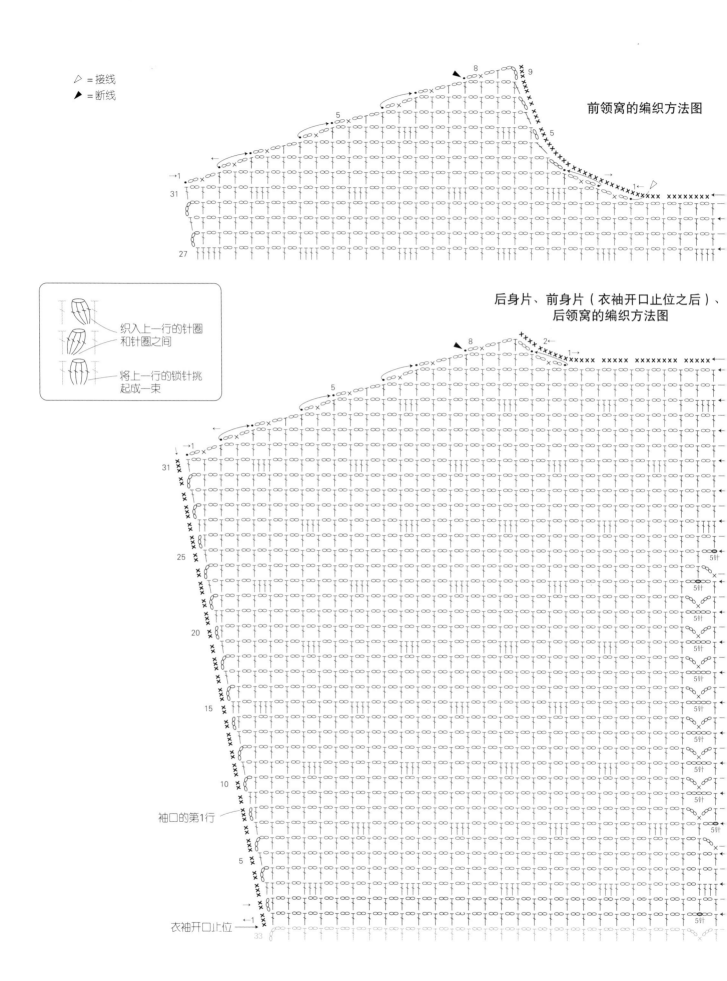

△ =接线
▲ =断线

前领窝的编织方法图

后身片、前身片（衣袖开口止位之后）、
后领窝的编织方法图

织入上一行的针圈
和针圈之间

将上一行的锁针挑
起成一束

袖口的第1行

衣袖开口止位

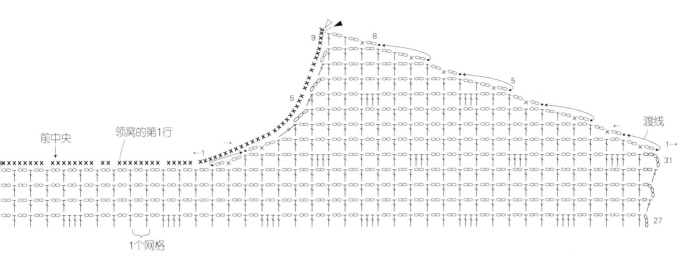

前中央

领窝的第1行

←1

→

5

9 8

渡线

1→

31

27

1个网格

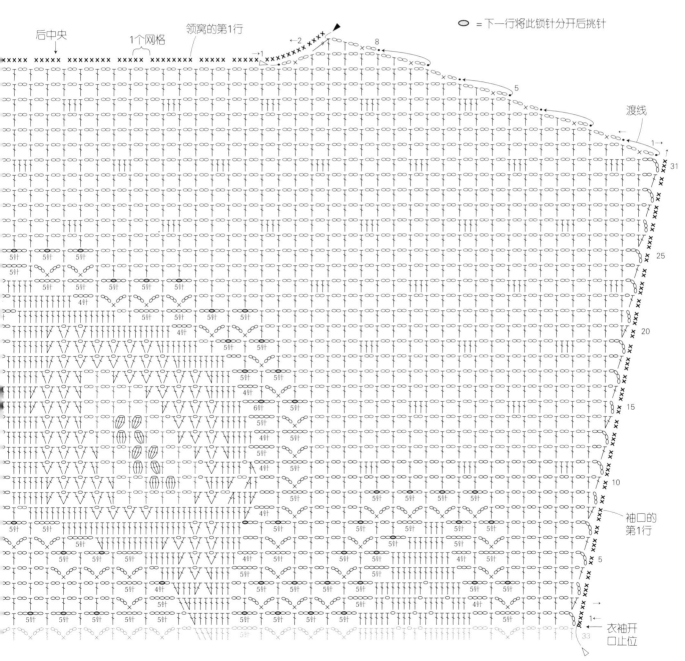

后中央

1个网格

领窝的第1行

←2

←1

8

5

渡线

1→

31

○ = 下一行将此锁针分开后挑针

25

20

15

10

袖口的
第1行

5

1→

33

衣袖开
口止位

〈使用线材〉
奥林巴斯 Emmy Grande
珍珠灰色（484）245g ［50g/团 5团］
〈工具〉
钩针 2/0 号
〈编织密度〉
编织花样 1 个花样 =5cm 11 行 =10cm
〈成品尺寸〉
胸围约 96cm 衣长 54cm 连肩袖长约 30.5cm
〈编织要领〉
1. 锁针起针，按织带分别钩织右育克、左育克。
2. 从左右育克挑针，钩织边缘编织 A 的同时，连接育克的前后中央。
3. 线环起针，钩织花片，并连接于边缘编织 A。
4. 从育克挑针，按编织花样分别钩织后身片、前身片。
5. 从育克挑针，按边缘编织 B、B'、B''将领窝钩织成环状。
6. 锁针、引拔针及方眼针缝合胁部、袖下。
7. 接着，按短针将袖口钩织成环状。
8. 按边缘编织 C 将下摆钩织成环状。

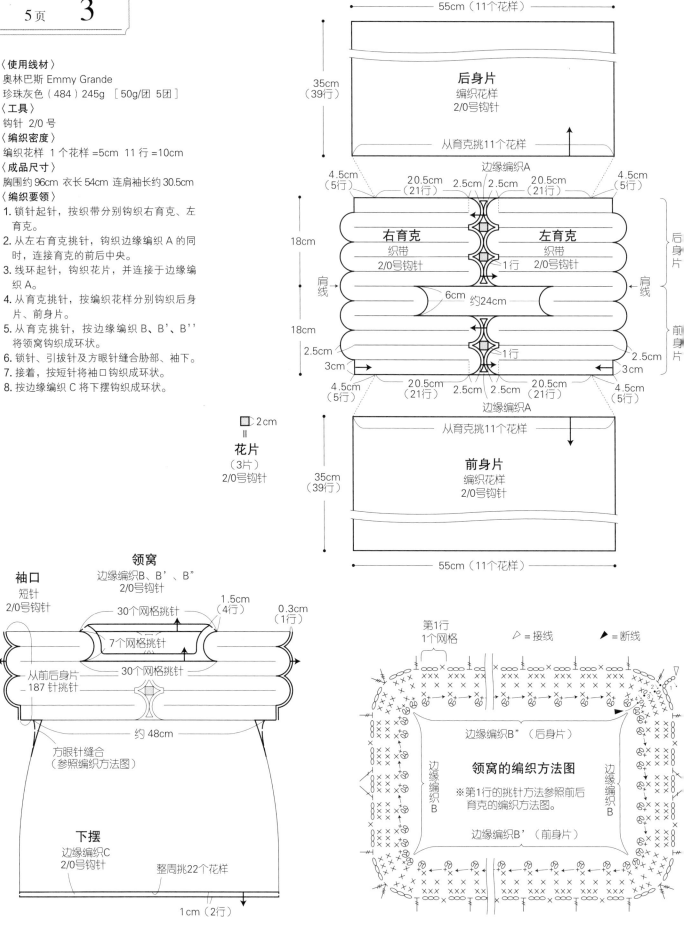

□ 2cm
＝
花片
（3片）
2/0号钩针

55cm（11个花样）

35cm（39行）

后身片
编织花样
2/0号钩针

从育克挑11个花样

边缘编织A

4.5cm（5行）　20.5cm（21行）　2.5cm　2.5cm　20.5cm（21行）　4.5cm（5行）

18cm

右育克　织带　2/0号钩针

左育克　织带　2/0号钩针

1行

肩线　　　　肩线

6cm　约24cm

后身片　前身片

18cm

2.5cm

1行

3cm

4.5cm（5行）　20.5cm（21行）　2.5cm　2.5cm　20.5cm（21行）　4.5cm（5行）

2.5cm

3cm

边缘编织A

从育克挑11个花样

前身片
编织花样
2/0号钩针

35cm（39行）

55cm（11个花样）

袖口
短针
2/0号钩针

领窝
边缘编织B、B'、B"
2/0号钩针

1.5cm（4行）

30个网格挑针

7个网格挑针

0.3cm（1行）

30个网格挑针

从前后身片
187针挑针

约48cm

方眼针缝合
（参照编织方法图）

下摆
边缘编织C
2/0号钩针

整周挑22个花样

1cm（2行）

第1行
1个网格

▷ = 接线　　▶ = 断线

边缘编织B"（后身片）

领窝的编织方法图

※第1行的挑针方法参照前后育克的编织方法图。

边缘编织B

边缘编织B

边缘编织B'（前身片）

后身片、前身片的编织方法图

△ = 接线
▲ = 断线

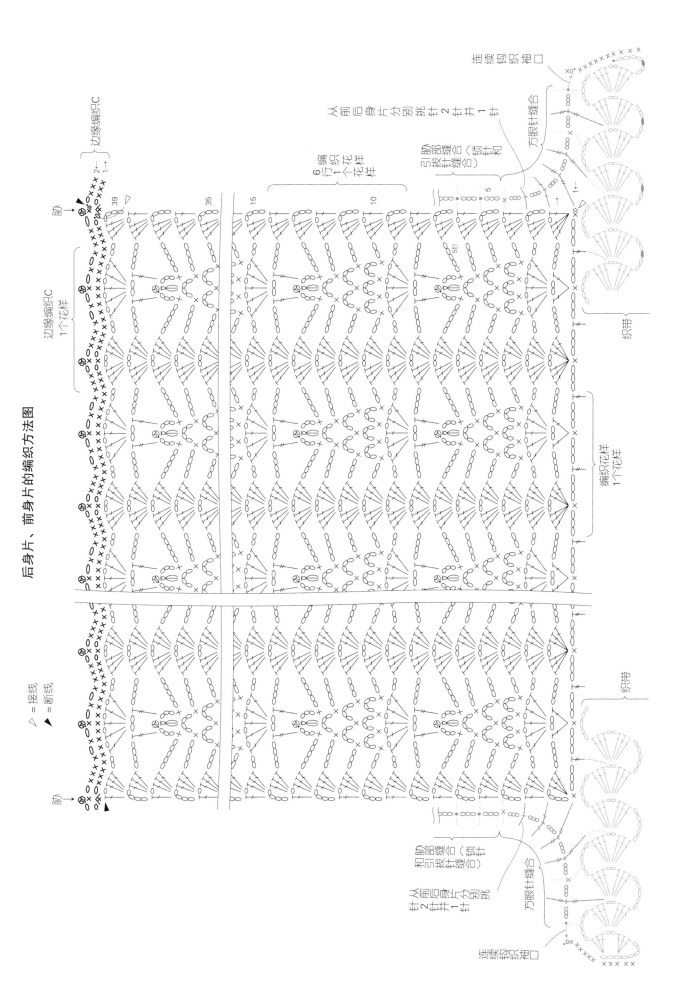

47

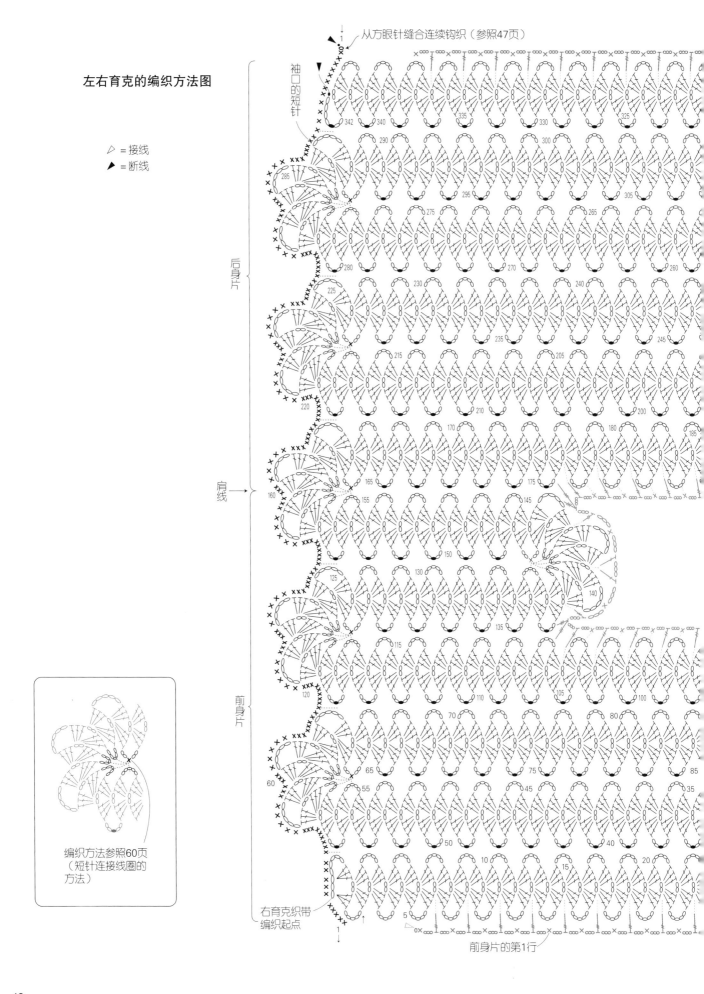

左右育克的编织方法图

△ = 接线
▲ = 断线

从方眼针缝合连续钩织（参照47页）

袖口的短针

后身片

肩线

前身片

右育克织带
编织起点

编织方法参照60页
（短针连接线圈的
方法）

前身片的第1行

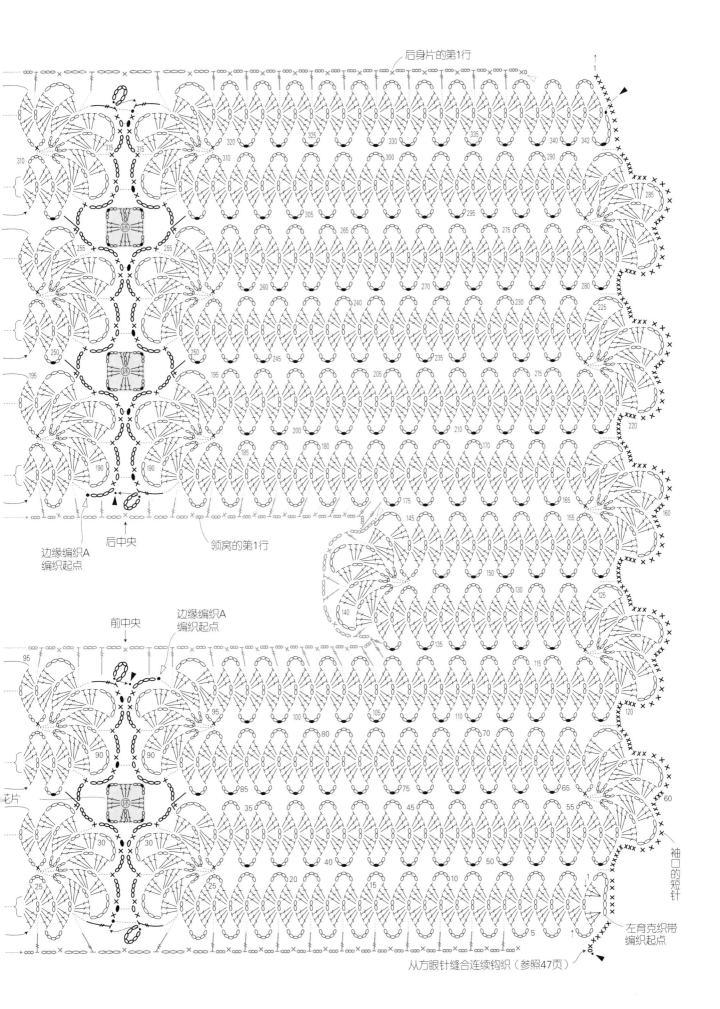

〈使用线材〉
奥林巴斯 金票 40 号蕾丝线
珍珠灰色（484）95g
［50g/团 2团］
〈工具〉
蕾丝针 6号
〈编织密度〉
编织花样 C
4 个花样 =7.5cm 17 行 =10cm

〈成品尺寸〉
胸围 93cm 肩宽 30cm
衣长约 48.5cm
〈编织要领〉
1. 锁针起针，按编织花样 A、A'、B、
   B'、C、D 钩织前后身片。
2. 下摆、后领开口钩织边缘编织 A。
3. 袖窿下钩织边缘编织 B。
4. 锁针和短针接合肩部。

组合方法　锁针和短针接合

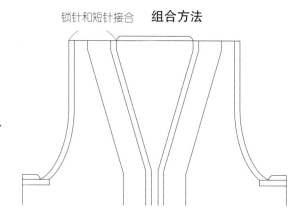

※加减针参照编织方法图。　　※按编织方法图①～⑤的顺序钩织。

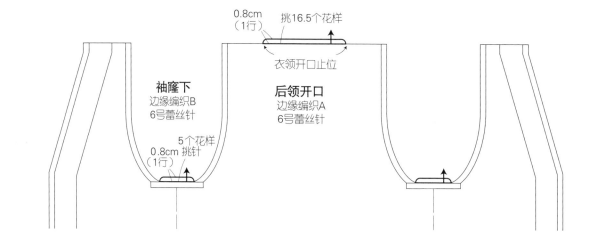

下摆 边缘编织A 6号蕾丝针　挑98.5个花样

93cm

18.5cm（10个花样）　47cm（25个花样）　18.5cm（10个花样）

0.8cm（1行）

23.5cm（40行）　23cm（39行）　前后身片 6号蕾丝针　23cm（39行）　23.5cm（40行）

47.5cm（81行）

编织花样 B'　编织 右前身片 花样 C　0.5cm（1行）　编织花样D　后身片 编织花样C　编织花样D　0.5cm（1行）　编织 左前身片 花样 C　编织花样 B

锁针 29针 起针　锁针 29针 起针

编织花样 A'

编织花样 A'　连续钩织　编织花样 A　24.5cm（42行）　编织花样 A'　28cm（15个花样）　编织花样 A'　24.5cm（42行）　编织花样 A　连续钩织　编织花样 A'

衣领开口止位

7.5cm（锁针38针）起针　30cm（锁针157针）起针　7.5cm（锁针38针）起针

1cm 3.5cm（1个花样）　2cm 1cm（1个花样）

15cm（8个花样）

1cm　6.5cm（3.5个花样）　6.5cm（3.5个花样）　1cm

1cm　2cm（1个花样）　3.5cm 1cm（1个花样）

0.8cm（1行）　挑16.5个花样

衣领开口止位

袖窿下 边缘编织B 6号蕾丝针　后领开口 边缘编织A 6号蕾丝针

5个花样 0.8cm 挑针（1行）

前后身片（第46行之后）的编织方法图

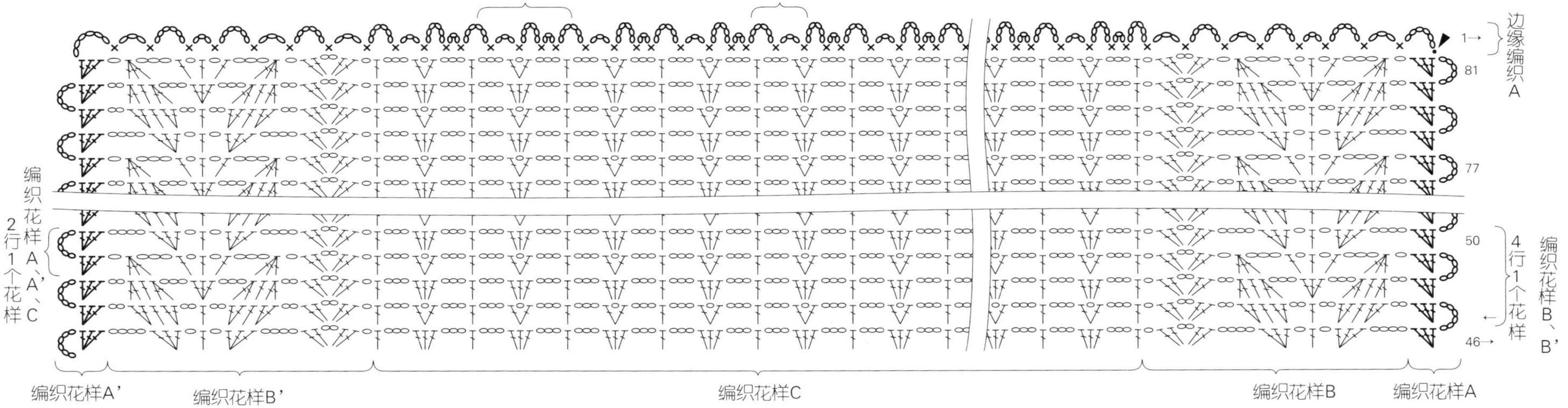

边缘编织A

编织花样B'、B'
4行1个花样

编织花样A

编织花样B

边缘编织A
1个花样

编织花样C
1个花样

编织花样C

编织花样B'

编织花样A'、A'、C
2行1个花样

编织花样A'

△ = 接线
▲ = 断线

后身片的编织方法图

编织花样A'、A'、C
2行1个花样

编织花样A

边缘编织A

※袖窿的加针同前身片一样。

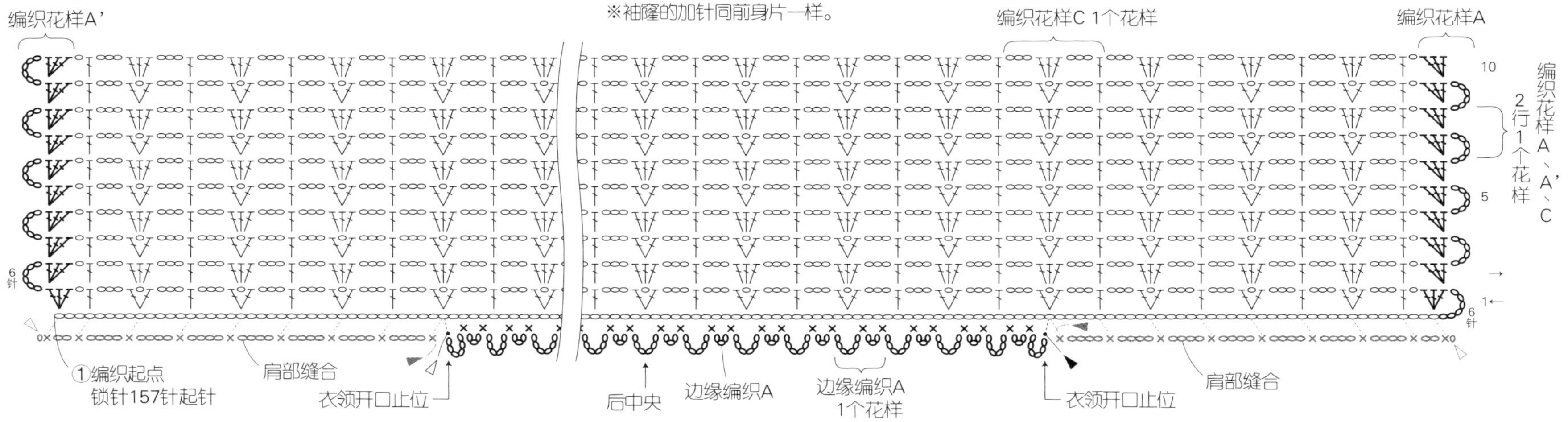

编织花样C 1个花样

边缘编织A
1个花样

后中央

肩部缝合

衣领开口止位

肩部缝合

衣领开口止位

① 编织起点
锁针157针起针

51

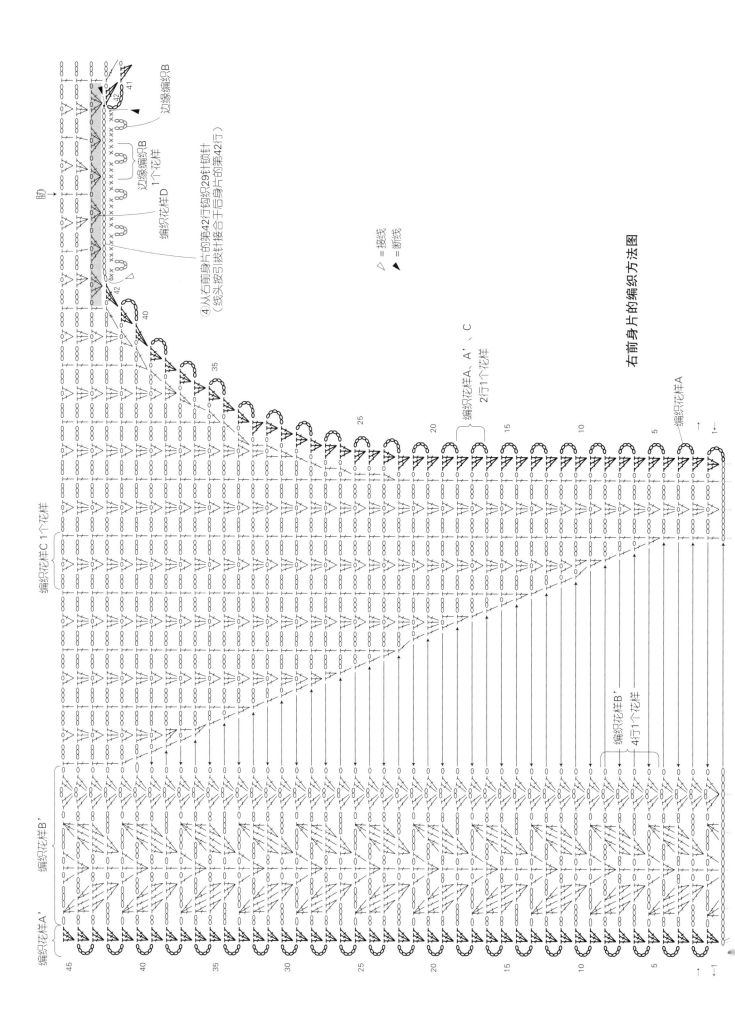

边缘编织B

边缘编织B

编织花样B 1个花样

边缘编织D 1个花样

胁

④从右前身片的第42行钩织29针锁针
接合于后身片的第42行
（线头按引拔针接合于后身片的第42行）

△ = 接线
▲ = 断线

编织花样A、A'、C
2行1个花样

右前身片的编织方法图

编织花样C 1个花样

编织花样A

编织花样A'

编织花样B'

编织花样B'
4行1个花样

45
40
35
30
25
20
15
10
5

25
20
15
10
5

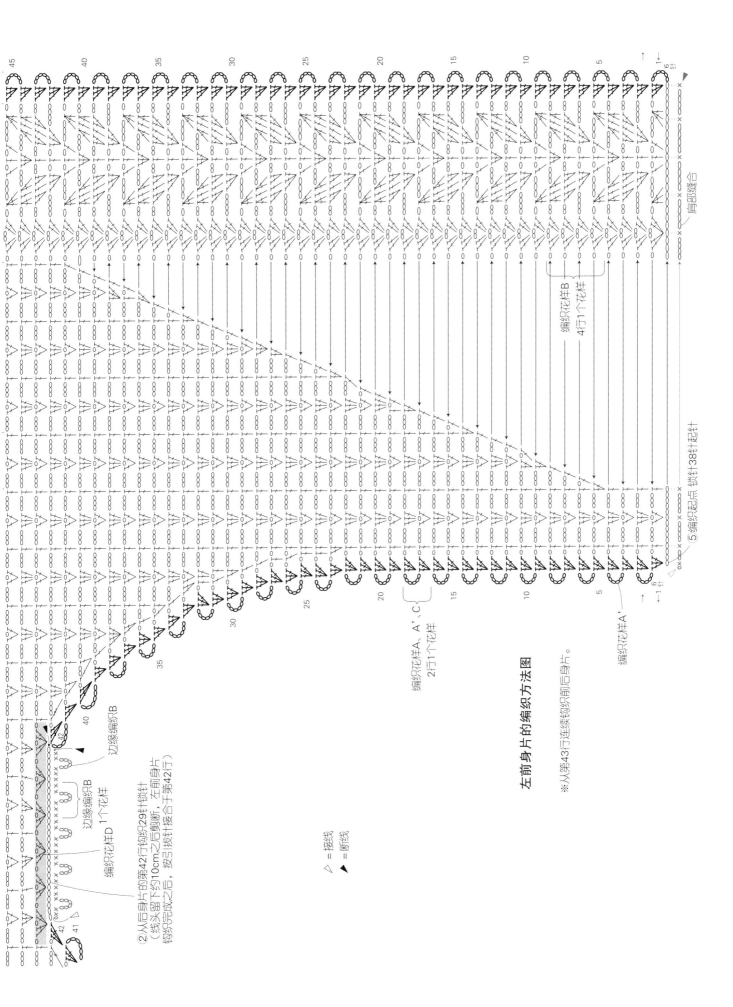

左前身片的编织方法图

※从第43行连续钩织前后身片。

②从后身片的第42行钩织29针锁针
（线头留下约10cm之后剪断，左前身片
钩织完成之后，按引拔针接合于第42行）

编织花样D 1个花样

边缘编织B

编织花样A、A′、C
2行1个花样

编织花样B
4行1个花样

编织花样A′

⑤编织起点 锁针38针起针

肩部缝合

△ ＝接线
▲ ＝断线

〈使用线材〉
奥林巴斯 Emmy Grande
雪青色（672）255g
［100g/团 3团］
〈工具〉
钩针 2/0 号
〈编织密度〉（10cm×10cm 面积内）
编织花样 39 针 15 行
〈成品尺寸〉
胸围约 103cm 肩宽 37.5cm

衣长约 59.5cm
〈编织要领〉
1. 锁针制作线环起针，按花片 A、B 钩织连续花片。
2. 从连续花片挑针，按编织花样钩织前后身片。
3. 引拔针接合肩部。
4. 前门襟、领窝钩织边缘编织 A，下摆钩织边缘编织 B，袖窿钩织边缘编织 C。

前门襟、领窝（第2~4行）的编织方法图

※第1行的编织方法参照55~57页。

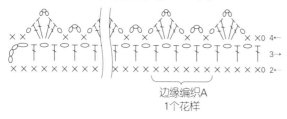

边缘编织A
1个花样

袖窿的编织方法图

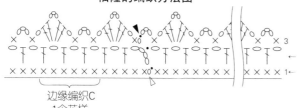

边缘编织C
1个花样

袖窿
边缘编织C
2/0号钩针

从后身片
挑针59针

2.2cm
（4行）

2cm
（3行）

72针
挑针

从前后身片
挑针168针

前门襟、领窝
边缘编织A
2/0号钩针

78针挑针

从花片挑针40针

0.5cm
（2行）

下摆
边缘编织B
2/0号钩针

从下摆整体挑针383针

※从边缘编织A的第1行连续钩织边缘编织B的第1行。
从边缘编织A的第4行连续钩织边缘编织B的第2行。

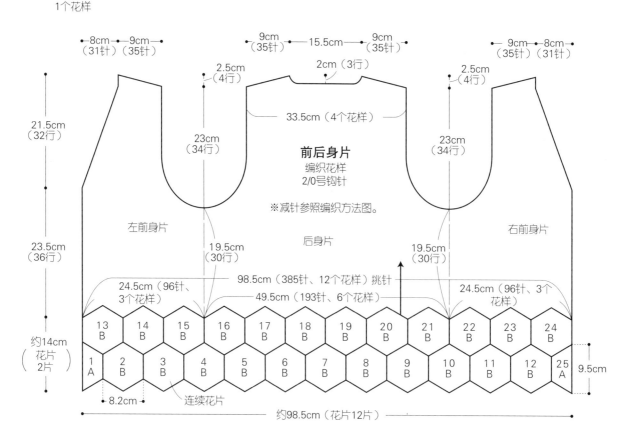

8cm（31针）　9cm（35针）　　9cm（35针）　15.5cm　9cm（35针）　　9cm（35针）　8cm（31针）

2.5cm（4行）　2cm（3行）　2.5cm（4行）

33.5cm（4个花样）

21.5cm（32行）

23cm（34行）　23cm（34行）

前后身片
编织花样
2/0号钩针

※减针参照编织方法图。

左前身片　　后身片　　右前身片

23.5cm（36行）

19.5cm（30行）　19.5cm（30行）

24.5cm（96针、3个花样）　98.5cm（385针、12个花样）挑针　24.5cm（96针、3个花样）

49.5cm（193针、6个花样）

约14cm
花片
2片

| 13 B | 14 B | 15 B | 16 B | 17 B | 18 B | 19 B | 20 B | 21 B | 22 B | 23 B | 24 B | |
| 1 A | 2 B | 3 B | 4 B | 5 B | 6 B | 7 B | 8 B | 9 B | 10 B | 11 B | 12 B | 25 A |

9.5cm

B＝花片B
A＝花片A

8.2cm

连续花片

约98.5cm（花片12片）

连续花片的编织方法图

○ = 下一行将此锁针分开后挑针

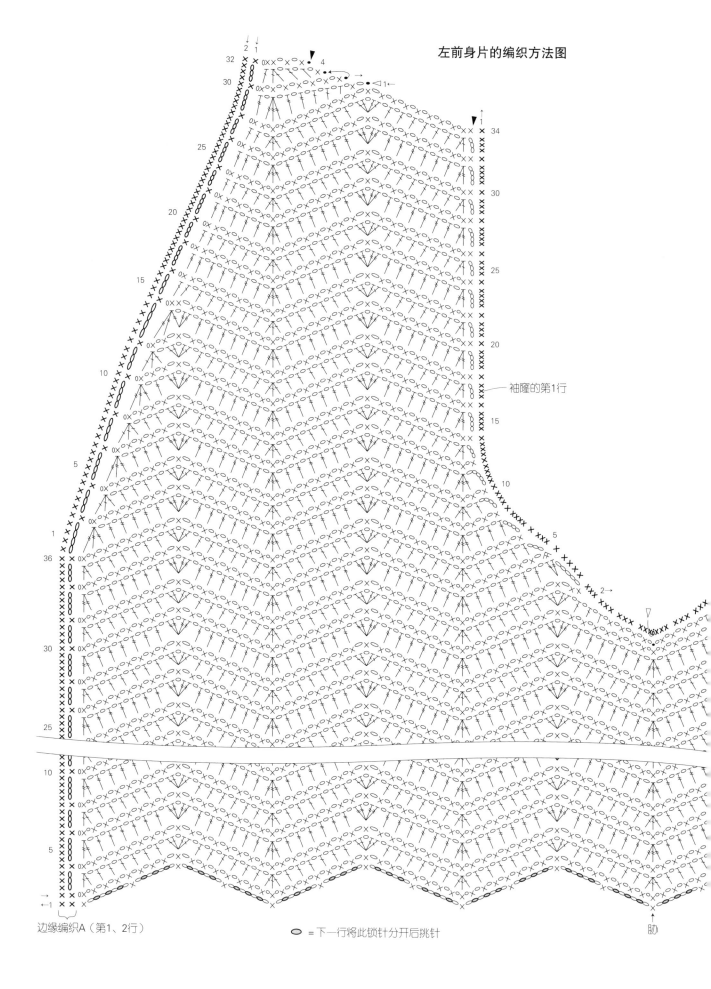

左前身片的编织方法图

袖窿的第1行

边缘编织A（第1、2行）

◯ =下一行将此锁针分开后挑针

胁

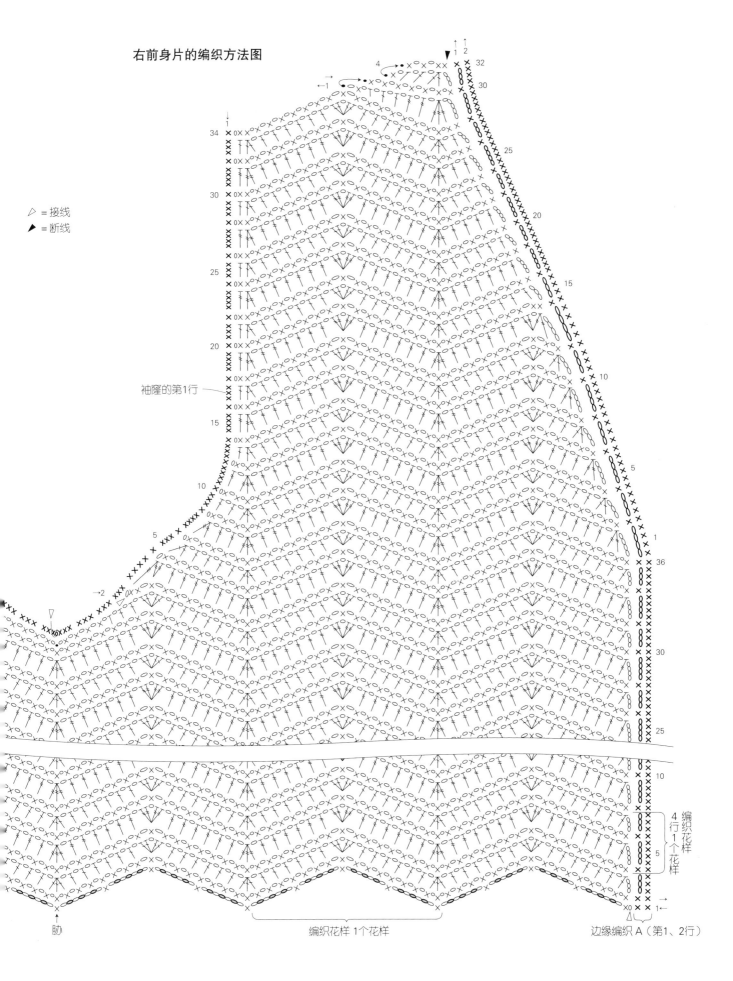

右前身片的编织方法图

▷ = 接线
▶ = 断线

袖窿的第1行

胁

编织花样1个花样

编织花样
4行1个花样

边缘编织A（第1、2行）

〈使用线材〉
奥林巴斯 Emmy Grande
棕色（736）285g［100g/团 3团］
〈工具〉
钩针 2/0 号
〈编织密度〉（ 10cm×10cm 面积内 ）
编织花样 B 31 针 14 行
编织花样 C 1 个花样 9 行
〈成品尺寸〉
胸围 100cm 衣长 54cm 连肩袖长 47cm

〈编织要领〉
1. 锁针起针，钩织织带。
2. 锁针制作线环起针，钩织 10 片花片，最终行钩织接合于织带。
3. 从织带挑针，钩织边缘编织 A。
4. 从边缘编织 A 挑针，按编织花样 A、B 分别钩织后育克、前育克。
5. 从另一侧的边缘编织 A 挑针，按编织花样 A、C 分别钩织后身片、前身片。
6. 锁针起针，按编织花样 A'、C 钩织衣袖。
7. 锁针和引拔针接合肩部。
8. 锁针和引拔针将衣袖接合于身片。
9. 锁针和引拔针缝合胁部、袖下。
10. 下摆、袖口按边缘编织 B 钩织成环状，领窝按边缘编织 C 钩织成环状。

▲＝织带编织起点（和编织终点挑针接合）　※加减针、边缘编织A的挑针参照编织方法图。

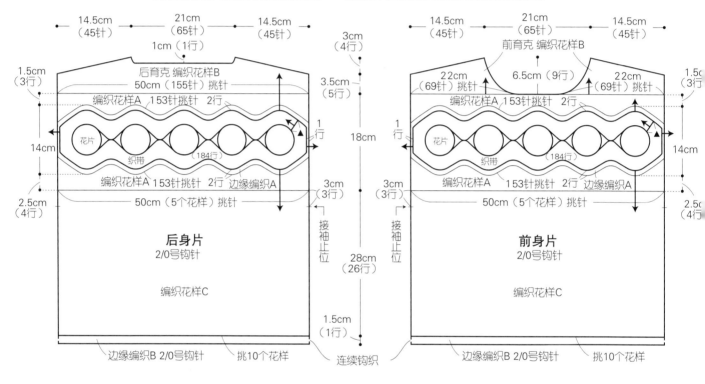

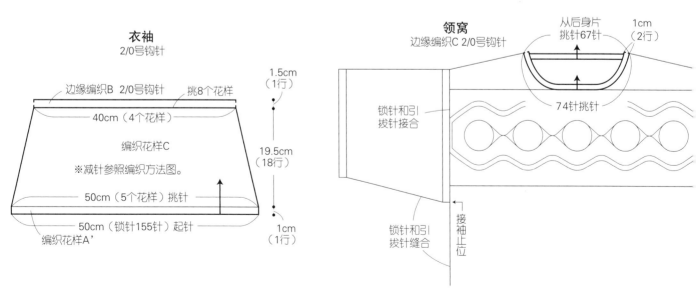

后身片、前身片的编织方法图

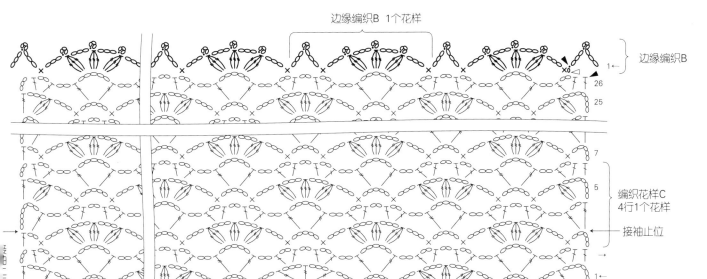

边缘编织B 1个花样

边缘编织B

编织花样C
4行1个花样

接袖止位

编织花样C 1个花样

编织花样A的第4行

衣袖的编织方法图

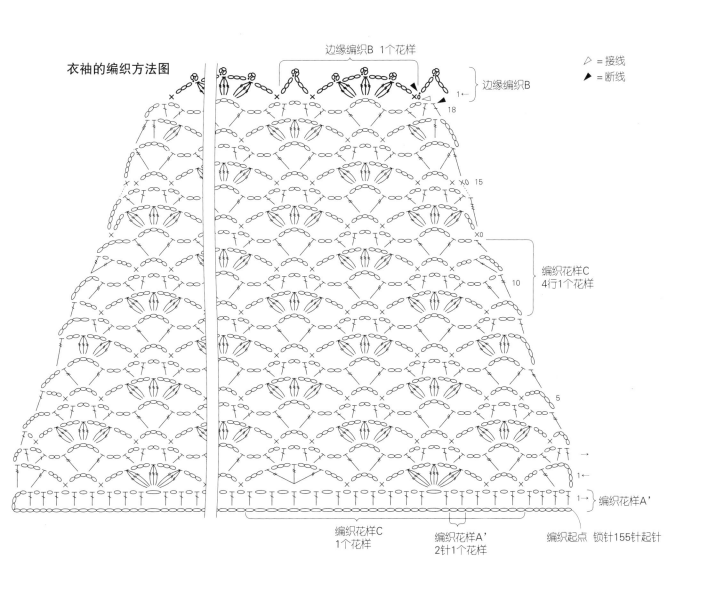

边缘编织B 1个花样

边缘编织B

△ = 接线

▲ = 断线

编织花样C
4行1个花样

编织花样C
1个花样

编织花样A'
2针1个花样

编织花样A'

编织起点 锁针155针起针

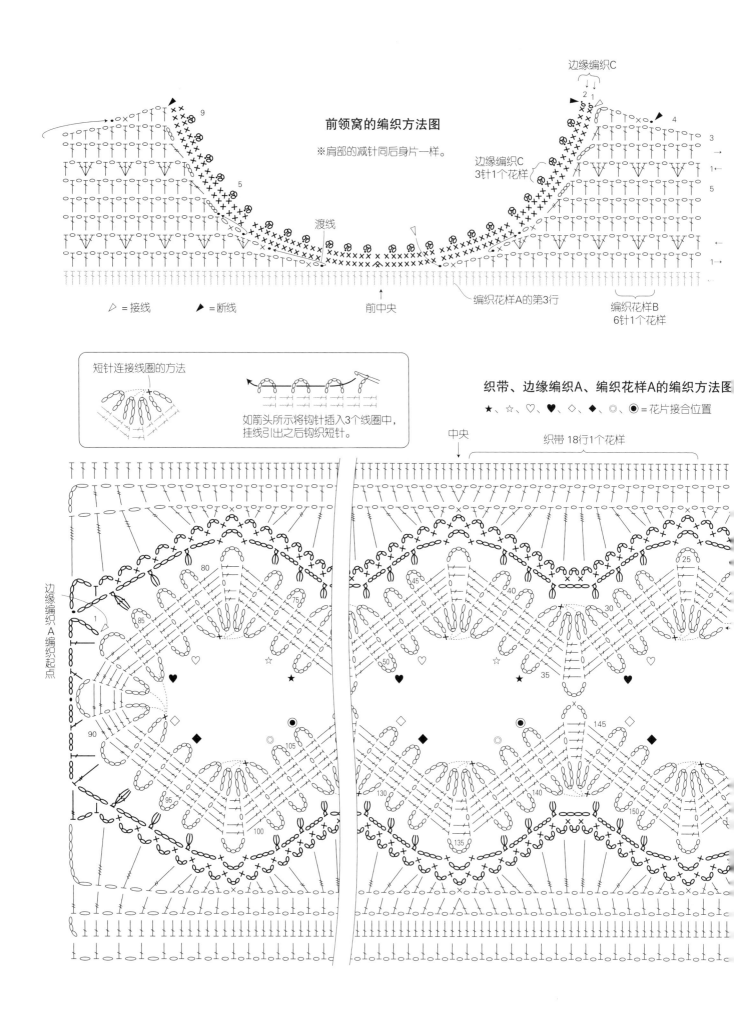

前领窝的编织方法图

※肩部的减针同后身片一样。

边缘编织C

边缘编织C
3针1个花样

▷ = 接线　▶ = 断线

前中央

编织花样A的第3行

编织花样B
6针1个花样

短针连接线圈的方法

如箭头所示将钩针插入3个线圈中，
挂线引出之后钩织短针。

织带、边缘编织A、编织花样A的编织方法图

★、☆、♡、♥、◇、◆、◎、◉ = 花片接合位置

中央

织带 18行1个花样

边缘编织A编织起点

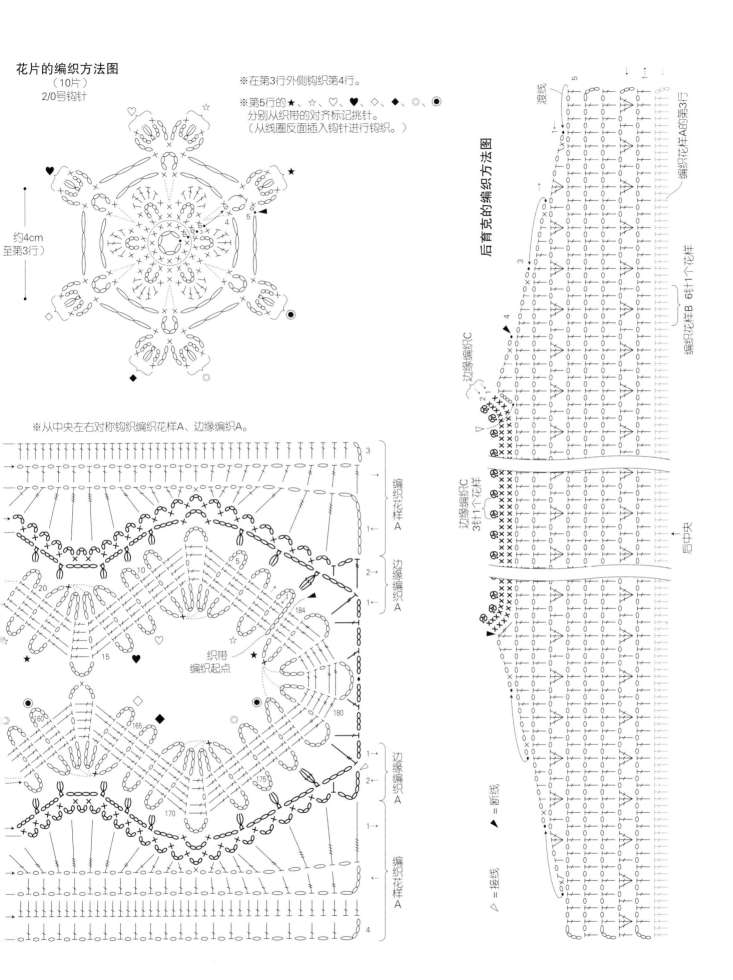

花片的编织方法图
（10片）
2/0号钩针

约4cm
至第3行）

※在第3行外侧钩织第4行。

※第5行的★、☆、♡、♥、◇、◆、◎、◉
分别从织带的对齐标记挑针。
（从线圈反面插入钩针进行钩织。）

※从中央左右对称钩织编织花样A、边缘编织A。

后育克的编织方法图

编织花样A
边缘编织A
边缘编织A
编织花样A

织带
编织起点

边缘编织C

渡线

编织花样A的第3行

编织花样B 6针1个花样

边缘编织C
3针1个花样

后中央

△ = 接线

▲ = 断线

〈使用线材〉

奥林巴斯 Emmy Grande

8 蓝陶色（335）300g［50g/团 6团］
　蓝灰色（486）33g［50g/团 1团］
9 苔绿色（288）300g［50g/团 6团］
　洋红色（188）33g［50g/团 1团］

〈其他材料〉

纽扣（直径13mm）3个

〈工具〉

钩针 3/0号

〈编织密度〉

编织花样A 1个花样（编织起点侧）=4cm 11行=10cm
编织花样B 1个花样（编织起点侧）=10cm
　　　　　 1个花样（编织终点侧）=15cm 11行=10cm
编织花样C 1个花样（编织起点侧）=10cm
　　　　　 1个花样（编织终点侧）=11cm 13行=10cm

〈成品尺寸〉

胸围101.5cm 衣长50.5cm 连肩袖长约45cm

〈编织要领〉

1. 锁针起针，按编织花样A钩织育克。
2. 从育克挑针，胁部锁针起针，按编织花样B钩织前后身片。
3. 从育克、胁部的起针开始挑针，按编织花样C、边缘编织将衣袖环形编织。
4. 领窝、前门襟、下摆按边缘编织钩织成环状。
5. 线环起针，钩织包扣，并缝合于前门襟。

配色

	8	9
a色	蓝陶色	苔绿色
b色	蓝灰色	洋红色

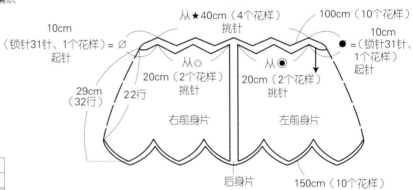

育克
编织花样A　a色
3/0号钩针

40cm（4个花样）

140cm（14个花样）

56cm
（锁针141针、14个花样）
起针

30cm（3个花样）= ▲

△ =30cm（3个花样）

20cm（22行）

20cm（2个花样）= ◎

● =20cm（2个花样）

※加针参照编织方法图。

前后身片
编织花样B　a色
3/0号钩针

从★40cm（4个花样）挑针

100cm（10个花样）

10cm（锁针31针、1个花样）= ∅ 起针

10cm= ●（锁针31针、1个花样）起针

从◎ 20cm（2个花样）挑针

从● 20cm（2个花样）挑针

29cm（32行）

22行

右前身片

左前身片

后身片

150cm（10个花样）

领窝、前门襟、下摆
边缘编织
3/0号钩针

●—约21cm—●

从育克的起针挑针140针

1.5cm（5行）

※边缘编织的配色参照编织方法图。

从边角挑1针

16针

第3行锁针3针的扣眼

17针

135针挑针

1.5cm（5行）

95针

从边角挑1针

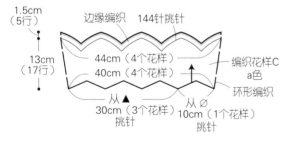

右袖
3/0号钩针

※左袖从●、△挑针，同样钩织。

1.5cm（5行）

边缘编织　144针挑针

13cm（17行）

44cm（4个花样）

40cm（4个花样）

编织花样C a色 环形编织

从▲ 30cm（3个花样）挑针

从∅ 10cm（1个花样）挑针

※加针、边缘编织的配色参照编织方法图。

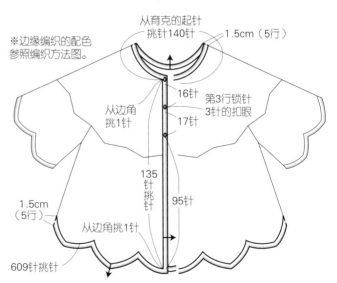

609针挑针

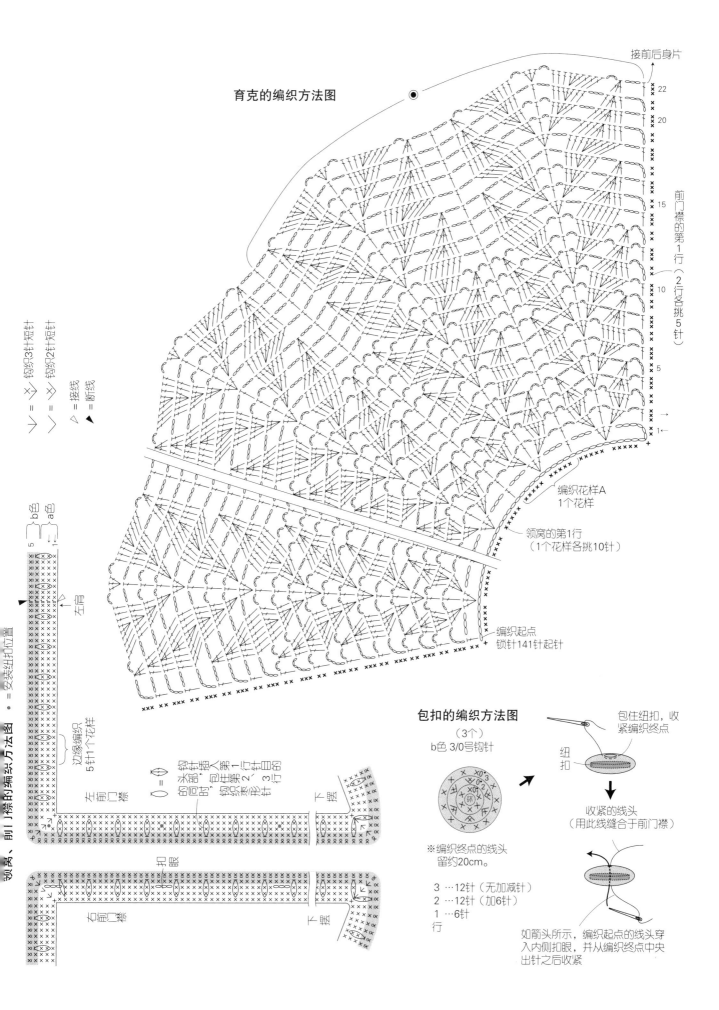

育克的编织方法图

接前后身片

编织花样A
1个花样

领窝的第1行
（1个花样各挑10针）

编织起点
锁针141针起针

前门襟的第1行
（2行各挑5针）

✓ = ✓ 钩织3针1针短针
✓ = ✓ 钩织2针1针短针
△ = 接线
▲ = 断线

b色 ⎫
a色 ⎬ 1行
     ⎭ 5

安装纽扣位置 ● ＝

领窝、前门襟的编织方法图

左肩

边缘编织
5针1个花样

左前门襟

扣眼

下摆

右前门襟

下摆

钩针，插入第1行本田的
束腊，包住第2、3行的
的回包，钩织变形针

包扣的编织方法图

（3个）
b色 3/0号钩针

包住纽扣，收
紧编织终点

纽扣

收紧的线头
（用此线缝合于前门襟）

※编织终点的线头
留约20cm。

3 …12针（无加减针）
2 …12针（加6针）
1 …6针
行

如箭头所示，编织起点的线头穿
入内侧扣眼，并从编织终点中央
出针之后收紧

63

前后身片的编织方法图 ※各花样逐个断线，钩织第23～32行。

编织花样B
1个花样

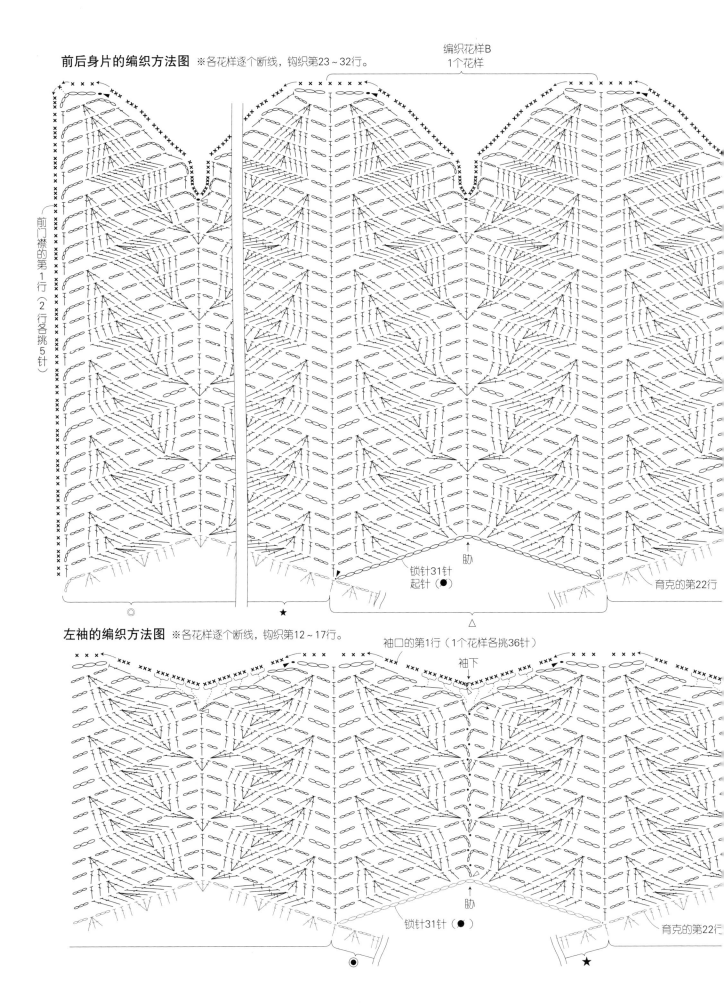

前门襟的第1行（2行各挑5针）

锁针31针
起针（●）

胁

育克的第22行

◎ ★ △

左袖的编织方法图 ※各花样逐个断线，钩织第12～17行。

袖口的第1行（1个花样各挑36针）

袖下

锁针31针（●）

胁

育克的第22行

◉ ★

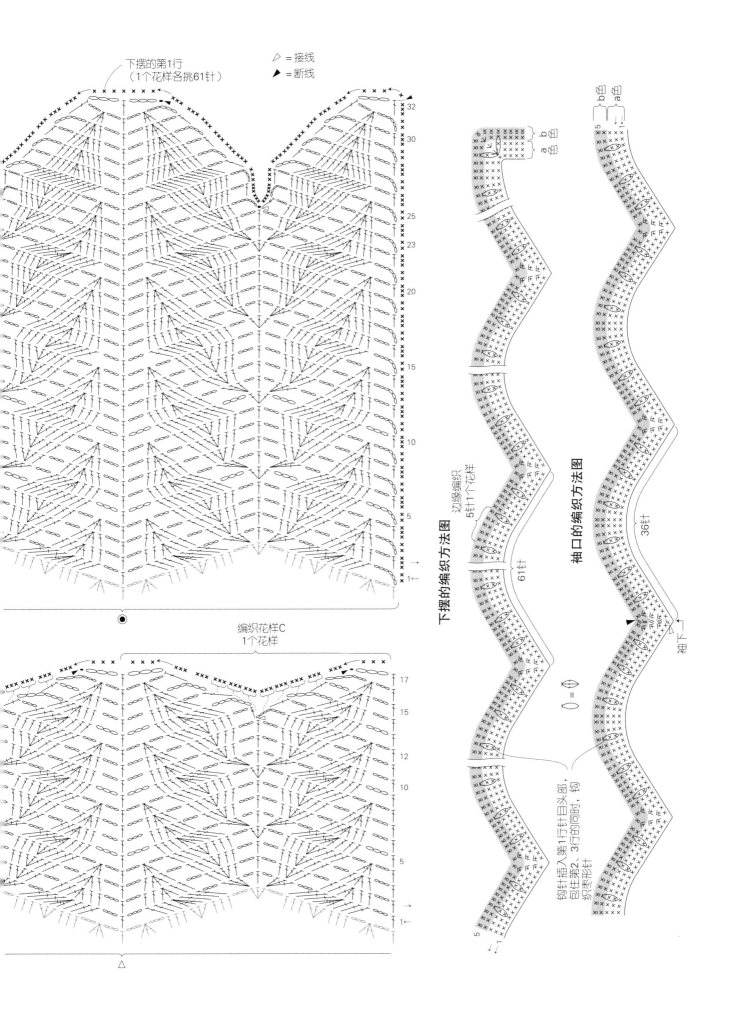

下摆的第1行
（1个花样各挑61针）

▷ = 接线
◀ = 断线

下摆的编织方法图

边缘编织
5针1个花样

61针

袖口的编织方法图

36针

袖下

○ = ⊖

钩针插入第1行针目头部，
包住第2、3行的同时，钩
织枣形针

b色
a色

编织花样C
1个花样

〈使用线材〉
奥林巴斯 金票 40 号蕾丝线
13 暗粉色（165）10g［10g/团 1团］
14 蓝灰色（486）18g［10g/团 2团］
〈工具〉
蕾丝针 6 号
〈成品尺寸〉
颈围 作品 13 30cm 作品14 45cm；长10cm
〈编织要领〉
1. 锁针起针，钩织 1 片花片。
2. 第 2 片之后，一边钩织接合于相邻的花片，
　 一边钩织指定片数的花片。
3. 从连续花片挑针，钩织边缘编织。
4. 从边缘编织挑针，钩织纽襻。
5. 线环起针，按短针钩织纽扣之后收口。
6. 将纽扣缝合于边缘编织。

13
装饰领
6号蕾丝针

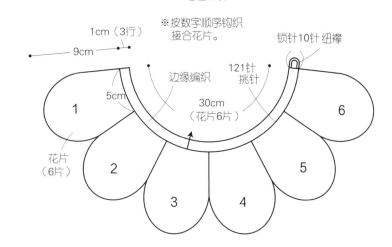

纽襻的编织
方法图
6号蕾丝针

纽扣的编织方法图
6号蕾丝针

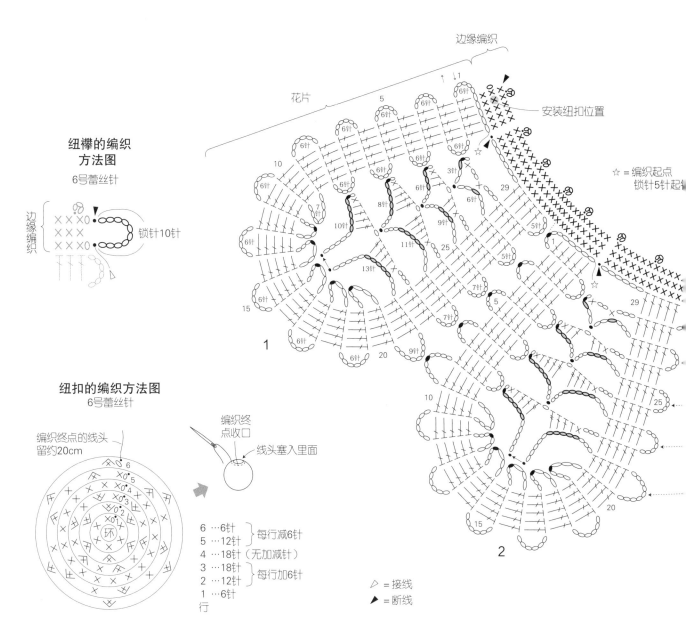

6 …6针
5 …12针　每行减6针
4 …18针（无加减针）
3 …18针　每行加6针
2 …12针
1 …6针
行

▷ = 接线
▶ = 断线

14
装饰领
6号蕾丝针

花片
（9片）

9cm

1cm（3行）

5cm

※按数字顺序钩织
接合花片。

纽襻
锁针10针

边缘编织

184针
挑针

45cm
（花片9片）

1 2 3 4 5 6 7 8 9

14
组合方法
※作品13组合方法相同。

缝上纽扣

13、14
装饰领的编织方法图

◯ =下一行将此锁针分开后挑针

※按数字顺序钩织引拔针
接合花片。

※（ ）内数字为作品14。

花片 2～5（8）
边缘编织 21针1个花样

6针
6针
6针
6针
6针

6针

6
（9）

5
（8）

4

3

〈使用线材〉
奥林巴斯

15 Emmy Grande
　黑色（901）45g［50g/团 1团］
　Emmy Grande（Colors）
　　橄榄绿色（238）13g［2团］
　　琥珀石色（814）13g［2团］

16 Emmy Grande
　象牙白色（732）45g［50g/团 1团］
　Emmy Grande（Colors）
　　深蓝色（355）13g［2团］
　　紫罗兰色（623）13g［2团］

〈工具〉
钩针 2/0 号

〈编织密度〉（10cm×10cm 面积内）
长针 34 针 15 行

〈成品尺寸〉
帽围约 53cm

〈编织要领〉
1. 锁针制作线环起针，分别钩织 3 片花片 A、B。
2. 按短针、引拔针及锁针，将 6 片花片 A、B 连接成环状，完成帽身。
3. 从帽身挑针，按长针将帽顶环形编织，编织终点收口。
4. 从帽身的另一侧挑针，按短针将帽口环形编织。
5. 接着，按编织花样将帽檐环形编织。

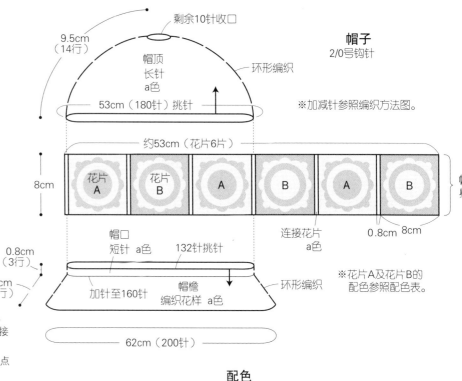

帽子
2/0号钩针

※加减针参照编织方法图。

剩余10针收口
9.5cm（14行）
帽顶 长针 a色
环形编织
53cm（180针）挑针
约53cm（花片6片）
8cm
花片A　花片B　A　B　A　B
连接花片 a色
0.8cm 8cm
帽口 短针 a色
132针挑针
0.8cm（3行）
4.5cm（11行）
加针至160针
帽檐 编织花样 a色
环形编织
62cm（200针）

※花片A及花片B的配色参照配色表。

▷ = 接线
▶ = 断线

配色

	15	16
a色	黑色	象牙白色
b色	橄榄绿色	深蓝色
c色	琥珀石色	紫罗兰色

帽顶的编织方法图

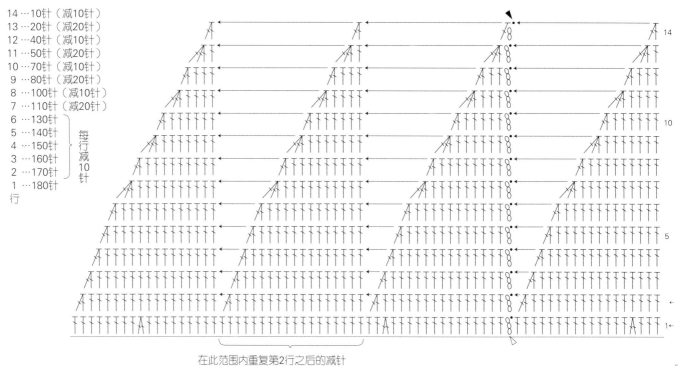

14 …10针（减10针）
13 …20针（减20针）
12 …40针（减10针）
11 …50针（减20针）
10 …70针（减10针）
9 …80针（减20针）
8 …100针（减10针）
7 …110针（减20针）
6 …130针
5 …140针
4 …150针
3 …160针
2 …170针
1 …180针
行

每行减10针

在此范围内重复第2行之后的减针

帽口、帽檐的编织方法图

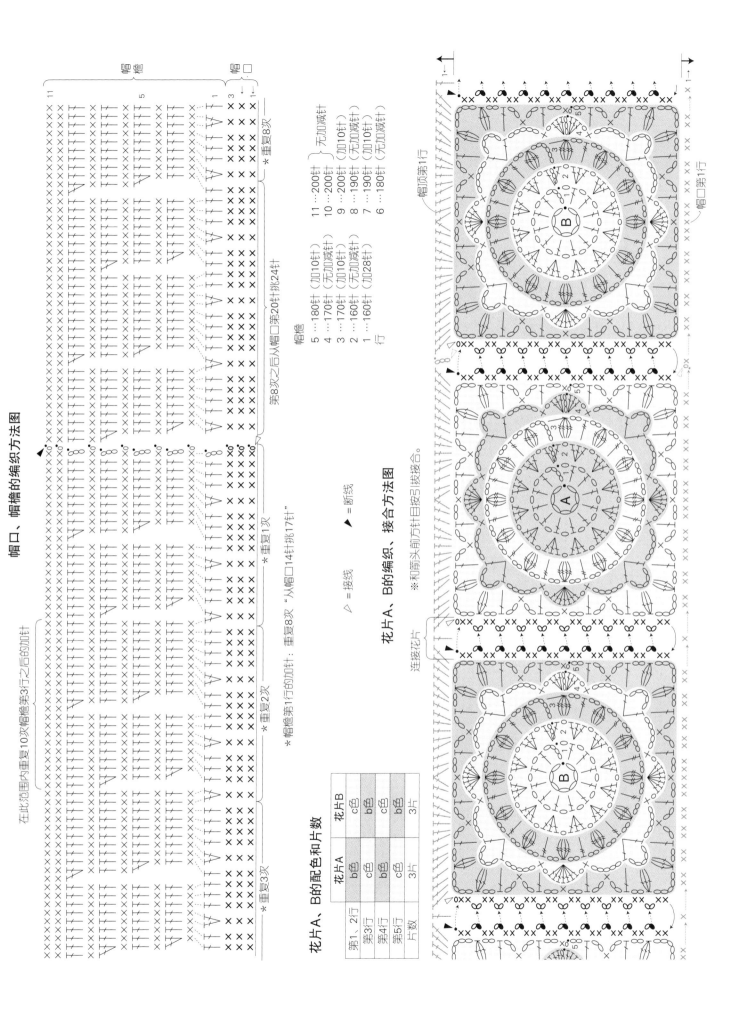

帽檐

帽口

在此范围内重复10次帽檐第3行之后的加针

＊重复3次
＊重复2次
＊重复1次
＊重复8次

＊帽檐第1行的加针：重复8次 "从帽口14针中挑17针"

第8次之后从帽口第20针挑24针

帽檐
5 ……180针（加10针）
4 ……170针（无加减针）
3 ……170针（加10针）
2 ……160针（无加减针）
1 ……160针（加28针）
行

11 ……200针 ⎫
10 ……200针 ⎬ 无加减针
9 ……200针（加10针）
8 ……190针（无加减针）
7 ……190针（加10针）
6 ……180针（无加减针）
行

△ = 接线
▲ = 断线

花片A、B的编织、接合方法图

※和箭头所指方向和前方针目按引拔接合。

连接花片

帽顶第1行
帽口第1行

花片A、B的配色和片数

	花片A	花片B
第1、2行	b色	c色
第3行	c色	b色
第4行	b色	c色
第5行	c色	b色
片数	3片	3片

〈使用线材〉
奥林巴斯 Emmy Grande
17 淡蓝色（364）90g［100g/团 1团］
18 亮黄色（543）90g［50g/团 2团］
〈工具〉
钩针 2/0 号
〈成品尺寸〉
长约27cm 宽约27.5cm

〈编织要领〉
1. 锁针制作线环起针，钩织花片。
2. 锁针起针，钩织连接于花片的同时，钩织织带 A。
3. 锁针起针，钩织连接于之前的织带，并钩织织带 B、C、D。
4. 从织带 D 挑针，钩织编织花样 A。
5. 同样织片再制作 1 片，2 片反面向内对合钩织边缘编织，
   然后继续钩织包口的短针。
6. 从包口挑针，按编织花样 B 钩织提手。
7. 将提手的编织终点，卷针缝合于包口。

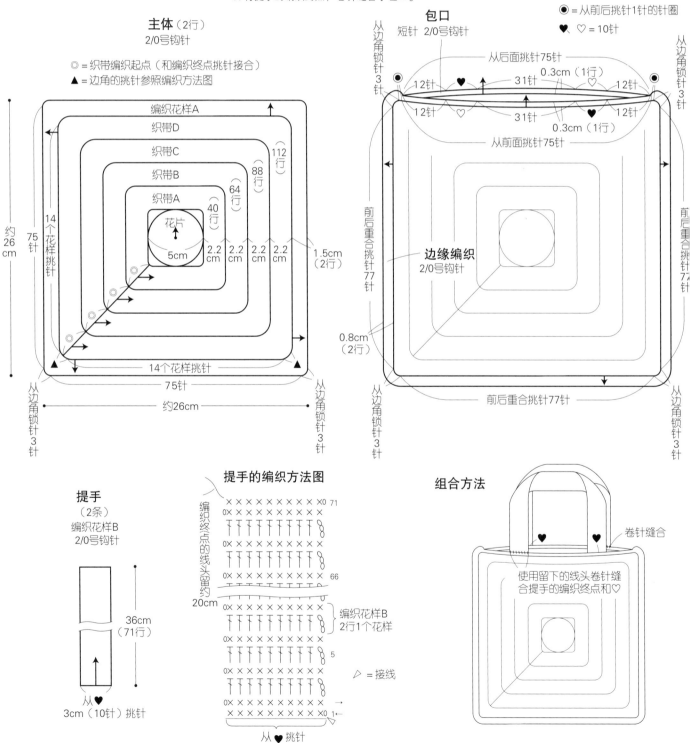

主体（2行）
2/0号钩针

◎ = 织带编织起点（和编织终点挑针接合）
▲ = 边角的挑针参照编织方法图

编织花样A
织带D
织带C
织带B
织带A
花片
5cm

40行 64行 88行 112行
2.2cm 2.2cm 2.2cm 2.2cm 1.5cm（2行）

约26cm 75针
14个花样挑针
14个花样挑针
75针

约26cm
从边角锁针3针
从边角锁针3针

包口
短针 2/0号钩针

◉ = 从前后挑针1针的针圈
♥、♡ = 10针

从后面挑针75针
0.3cm（1行）
12针 ♥ 31针 ♥ 12针
12针 ♡ 31针 ♡ 12针
0.3cm（1行）
从前面挑针75针
从边角锁针3针
从边角锁针3针

边缘编织
2/0号钩针

前后重合挑针77针
前后重合挑针77针
0.8cm（2行）

提手
（2条）
编织花样B
2/0号钩针

36cm（71行）

3cm（10针）挑针
从♥挑针

提手的编织方法图

编织终点的线头留约20cm
编织花样B
2行1个花样
▽ = 接线
从♥挑针

71
66
5
1

组合方法

卷针缝合
使用留下的线头卷针缝合提手的编织终点和♡

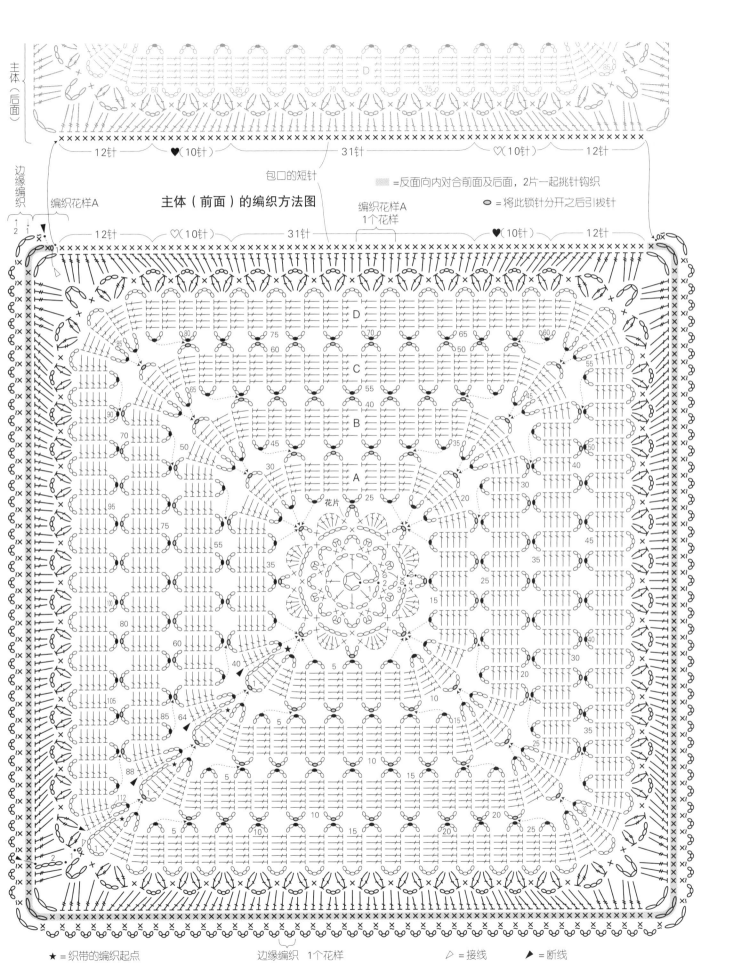

主体
（后面）

边缘
编织

↑
2
1

编织花样A

主体（前面）的编织方法图

12针　　♥（10针）　　31针　　♡（10针）　　12针

包口的短针

▨＝反面向内对合前面及后面，2片一起挑针钩织
⊙＝将此锁针分开之后引拔针

编织花样A
1个花样

12针　　♡（10针）　　31针　　♥（10针）　　12针

花片

★＝织带的编织起点　　边缘编织　1个花样　　╱＝接线　　▲＝断线

〈使用线材〉
奥林巴斯 Emmy Grande
浅绿色（244）35g［50g/团 1团］
〈工具〉
钩针 2/0 号
〈成品尺寸〉
长约 17.5cm 宽约 18cm

〈编织要领〉
1. 锁针制作线环起针，钩织花片。
2. 锁针起针，钩织连接于花片的同时，钩织织带 A。
3. 锁针起针，钩织连接于之前的织带，并钩织织带 B。
4. 从织带 B 挑针，钩织编织花样。
5. 同样织片再制作 1 片，2 片反面向内对合钩织边缘编织，
   然后继续钩织包口的短针。中间钩织纽襻。
6. 线环起针，按短针钩织纽扣并收口。
7. 将纽扣缝合于主体（前面）。

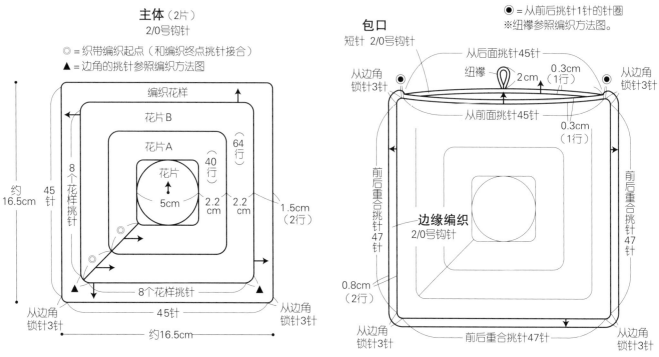

主体（2片）
2/0号钩针

◎ = 织带编织起点（和编织终点挑针接合）
▲ = 边角的挑针参照编织方法图

编织花样
花片 B
花片 A
花片
5cm
约 16.5cm
45针
8个花样挑针
64行
40行
2.2cm
2.2cm
1.5cm（2行）
8个花样挑针
45针
约16.5cm
从边角锁针3针
从边角锁针3针

◉ = 从前后挑针1针的针圈
※纽襻参照编织方法图。

包口
短针 2/0号钩针
从后面挑针45针
纽襻 2cm
0.3cm（1行）
从前面挑针45针
0.3cm（1行）
从边角锁针3针
从边角锁针3针
边缘编织 2/0号钩针
前后重合挑针47针
前后重合挑针47针
0.8cm（2行）
从边角锁针3针
从边角锁针3针
前后重合挑针47针

组合方法

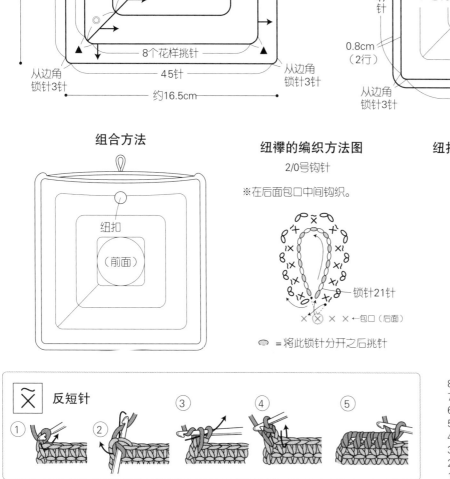

纽扣
（前面）

纽襻的编织方法图
2/0号钩针
※在后面包口中间钩织。
锁针21针
包口（后面）
◉ = 将此锁针分开之后挑针

纽扣的编织方法图
短针 2/0号钩针

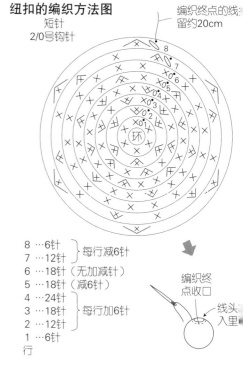

编织终点的线留约20cm
环
8
7
6
5
4
3
2
1
编织终点收口
线头入里

8 …6针　每行减6针
7 …12针
6 …18针（无加减针）
5 …18针（减6针）
4 …24针　每行加6针
3 …18针
2 …12针
1 …6针
行

☒ 反短针
① ② ③ ④ ⑤

主体（后面）

接短针继续钩织纽襻　接纽襻继续钩织短针

包口的短针

主体（前面）
的编织方法图

编织花样A
1个花样

安装纽扣位置

边缘编织

编织花样

花片

█ = 反面向内对合前面及后面，2片一起挑针钩织

◯ = 将此锁针分开之后引拔针

★ = 织带的编织起点　　　　边缘编织 1个花样　　　　▷ = 接线　　　▶ = 断线

〈使用线材〉
奥林巴斯 金票 40 号蕾丝线
橄榄绿色（289）50g
［50g/团 1团］
〈工具〉
蕾丝针 6 号
〈编织密度〉（10cm×10cm 面积内）
编织花样 B 19 个网格 18.5 行
〈成品尺寸〉
宽 12.5cm 长约 139cm
〈编织要领〉
1. 锁针起针，钩织编织花样 A。
2. 从编织花样 A 挑针，按编织花样 B、
　 边缘编织钩织长披巾。

长披巾的编织方法图

边缘编织 1个花样

边缘编织

边缘编织 16个花样挑针

0.3cm
（1行）

长披巾
6号蕾丝针

138.5cm
（256行）

编织花样B

12.5cm
（24个网格）
挑针

编织花样A

0.3cm

12.5cm
（16个花样）

◯ = 下一行将此锁针分开后挑针

如箭头所示插入钩针
钩织长针

编织
花样
A

编织起点

编织花样A 1个花样

编织花样B 1个网格

编织花样B
42行1个花样

〈使用线材〉
奥林巴斯 Emmy Grande
巧克力棕色（739）150g
［50g/团 3团］
奥林巴斯 Emmy Grande（Colors）
曲黄色（582）8g ［1团］

〈工具〉
钩针 2/0 号

〈成品尺寸〉
长约 32.5cm

〈编织要领〉
1. 锁针起针，按编织花样 A、B 钩织主体。
2. 从主体挑针，钩织边缘编织。
3. 从主体和边缘编织挑针，两端锁针起针，按编织花样 C 钩织绳带。
4. 从绳带挑针，钩织短针。

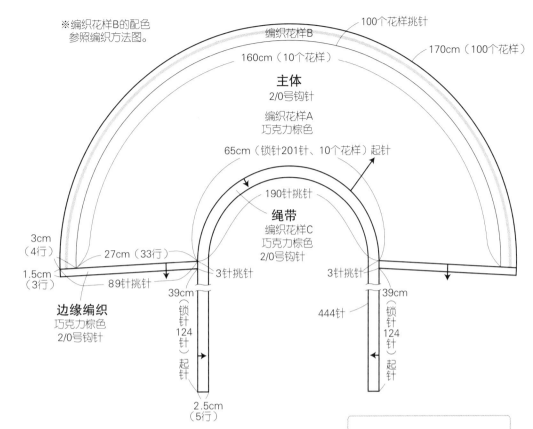

※编织花样B的配色参照编织方法图。

100个花样挑针

编织花样B

160cm（10个花样）

170cm（100个花样）

主体
2/0号钩针
编织花样A
巧克力棕色

65cm（锁针201针、10个花样）起针

190针挑针

绳带
编织花样C
巧克力棕色
2/0号钩针

3cm（4行）

27cm（33行）

1.5cm（3行）

89针挑针

3针挑针

3针挑针

边缘编织
巧克力棕色
2/0号钩针

444针

39cm（锁针124针）起针

39cm（锁针124针）起针

2.5cm（5行）

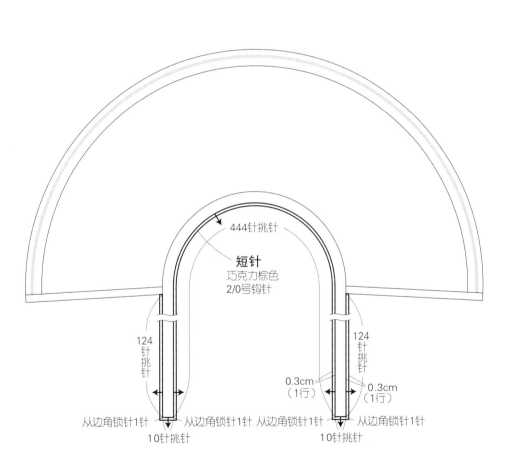

444针挑针

短针
巧克力棕色
2/0号钩针

124针挑针

124针挑针

0.3cm（1行）

0.3cm（1行）

从边角锁针1针

从边角锁针1针

从边角锁针1针

从边角锁针1针

10针挑针

10针挑针

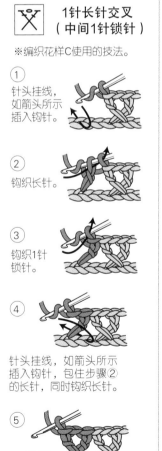

1针长针交叉
（中间1针锁针）

※编织花样C使用的技法。

① 针头挂线，如箭头所示插入钩针。

② 钩织长针。

③ 钩织1针锁针。

④ 针头挂线，如箭头所示插入钩针，包住步骤②的长针，同时钩织长针。

⑤

主体、边缘编织的编织方法图

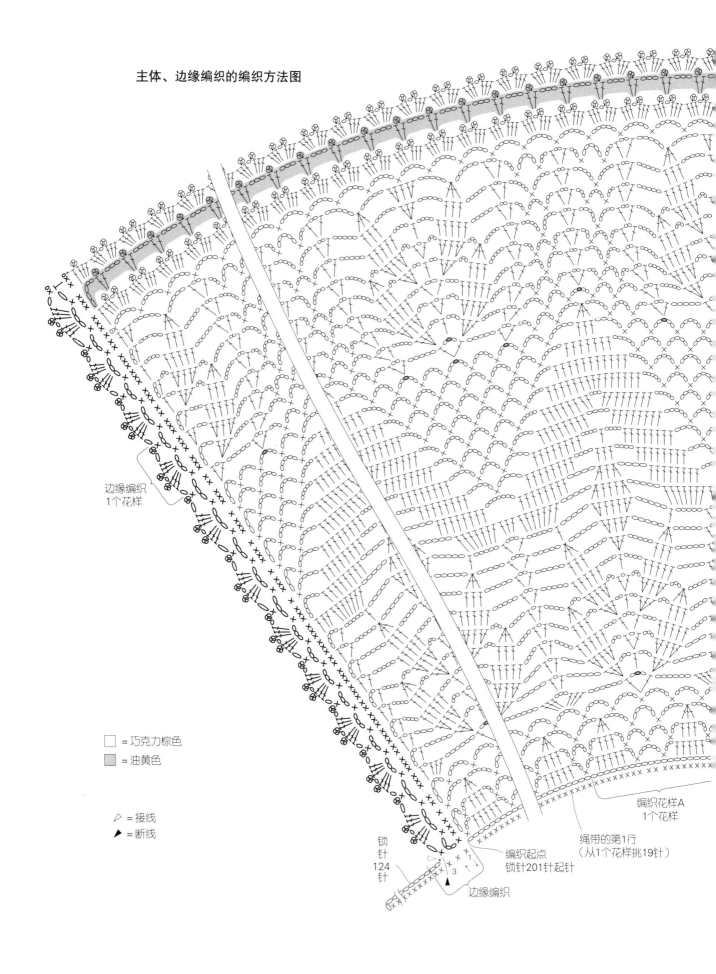

= 巧克力棕色

= 油黄色

▷ = 接线

► = 断线

边缘编织
1个花样

锁针
124
针

编织起点
锁针201针起针

边缘编织

绳带的第1行
（从1个花样挑19针）

编织花样A
1个花样

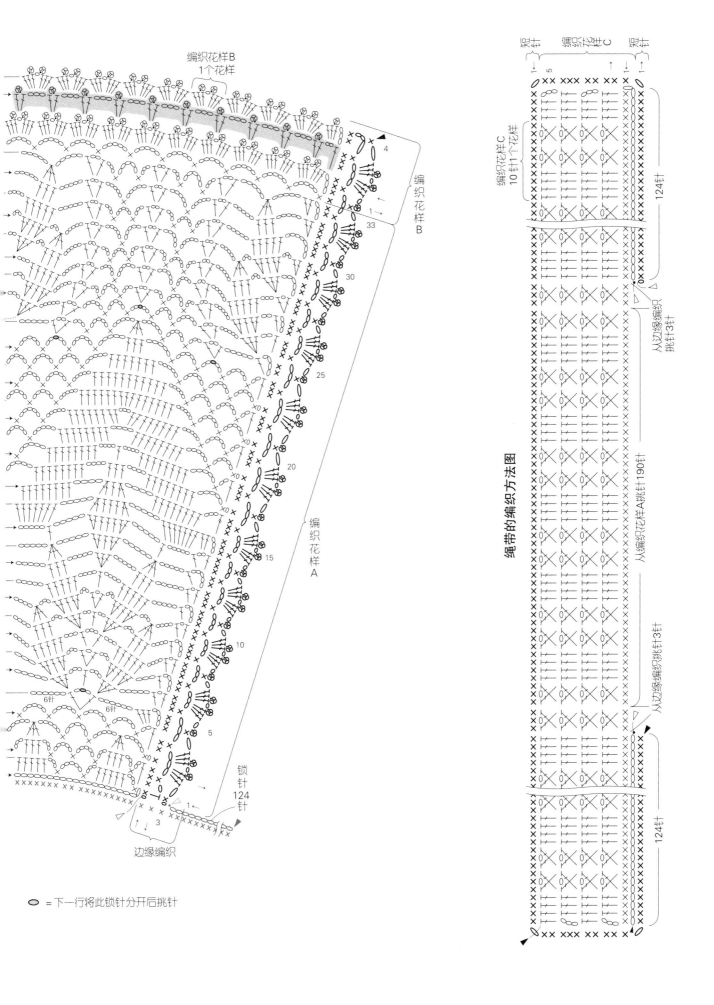

编织花样B
1个花样

编织花样B

编织花样A

锁针
124针

边缘编织

⬭ =下一行将此锁针分开后挑针

绳带的编织方法图

编织花样C
10针1个花样

从边缘编织挑针3针

从编织花样A挑针190针

从编织花样A挑针190针

从边缘编织挑针3针

124针

124针

77

〈使用线材〉
奥林巴斯 金票40号蕾丝线
橄榄绿色（289）30g
［10g/团 3团］
〈工具〉
蕾丝针 6号
〈编织密度〉（10cm×10cm 面积内）
编织花样A 54.5 针 18.5 行
〈成品尺寸〉
宽 16.5cm　深 19.5cm
〈编织要领〉
1. 锁针起针，按长针将包底环形编织。
2. 从包底挑针，按编织花样A将包身钩
　 织成筒状。
3. 接着，按编织花样B将包口环形编织。
4. 使用罗纹绳针法钩织抽绳，穿入包身
　 相应位置。

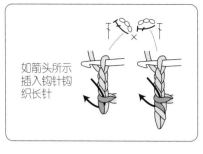

如箭头所示
插入钩针钩
织长针

包口
7 …180个网格（加90个网格）
6 …90个网格
5 …90个网格　无加减网格
4 …90个网格
3 …90个网格
2 …60个网格　每行加30个网格
1 …30个网格
行

$!\ =$
$\ =$ 1个网格
$\ =$ 下一行将此
分开后挑针

束口袋的编织方法图

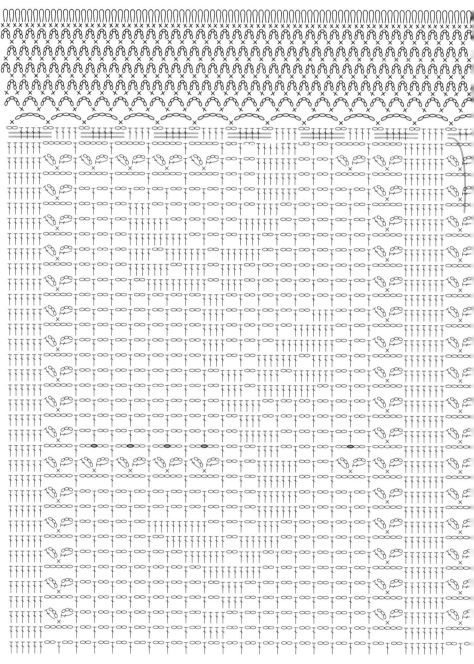

※加针参照编织方法图。

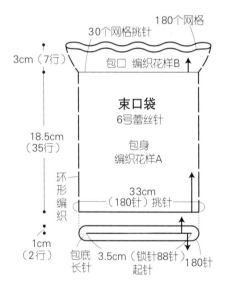

180个网格
30个网格挑针
3cm（7行）
包口 编织花样B

束口袋
6号蕾丝针

18.5cm
（35行）

包身
编织花样A

环形编织

33cm
（180针）挑针

1cm
（2行）
包底
长针

3.5cm（锁针88针）
起针
180针

组合方法

抽绳穿入包身的
抽绳穿口位置

将抽绳两端分别
2根一并打结

抽绳（2根）
罗纹绳 6号蕾丝针

约50cm

包底
2 …180针（无加减）
1 …180针
行

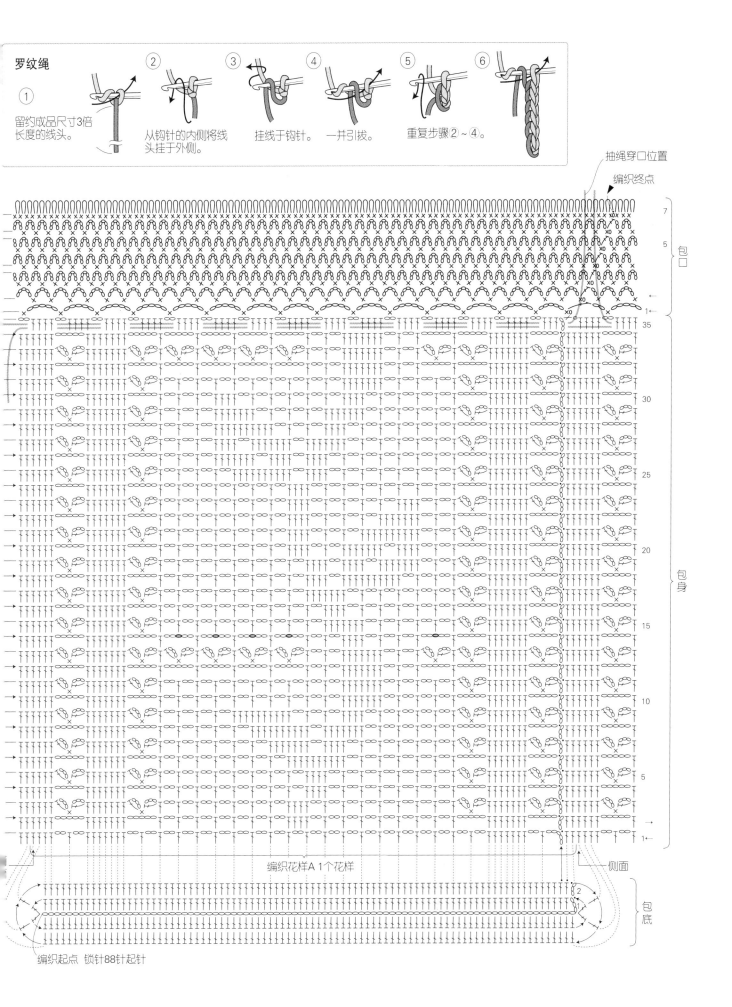

罗纹绳

① 留约成品尺寸3倍长度的线头。

② 从钩针的内侧将线头挂于外侧。

③ 挂线于钩针。

④ 一并引拔。

⑤ 重复步骤②~④。

⑥

抽绳穿口位置

编织终点

包口

包身

编织花样A 1个花样

侧面

包底

编织起点 锁针88针起针

79

杯垫的编织方法图
2/0号钩针

〈使用线材〉
奥林巴斯 Emmy Grande
米白色（800）10g［5g/片］
［50g/团 1团］
〈工具〉
钩针 2/0 号
〈成品尺寸〉
长 10cm 宽 10cm
〈编织要领〉
线环起针，钩织杯垫。

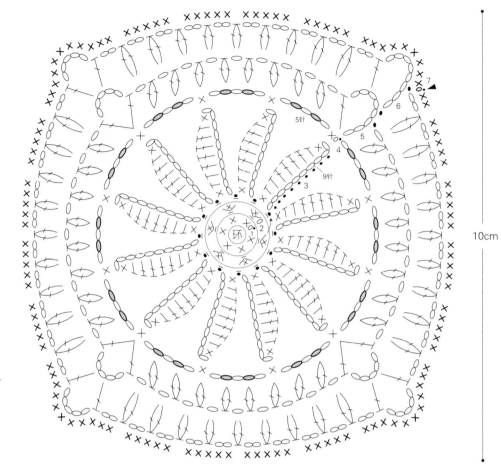

⬭ = 下一行将此锁针分开后挑针

▶ = 断线

〈使用线材〉
奥林巴斯 Emmy Grande
铬黄色（521）160g［100g/团 2团］
〈其他材料〉
纽扣（直径 13mm）7 个
靠垫芯（40cm×40cm）1 个

〈工具〉
钩针 2/0 号
〈成品尺寸〉
长 43cm 宽 43cm
〈编织要领〉
1. 线环起针，钩织 1 片花片。

2. 第 2 片之后，在最终行钩织连接于相邻的花片，共钩织 8 片。
3. 从后面挑针，按短针钩织入口。
4. 从前面、后面挑针，钩织边缘编织。（入口侧的边仅从前面挑针）
5. 缝上纽扣，放入靠垫芯。

靠垫套 2/0号钩针

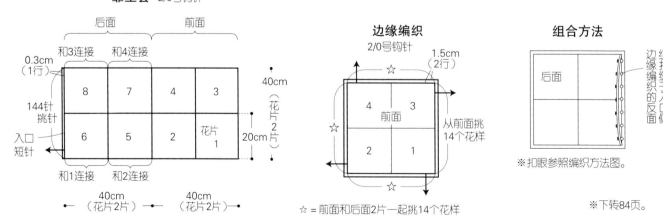

☆ = 前面和后面 2 片一起挑 14 个花样

※扣眼参照编织方法图。

※下转84页。

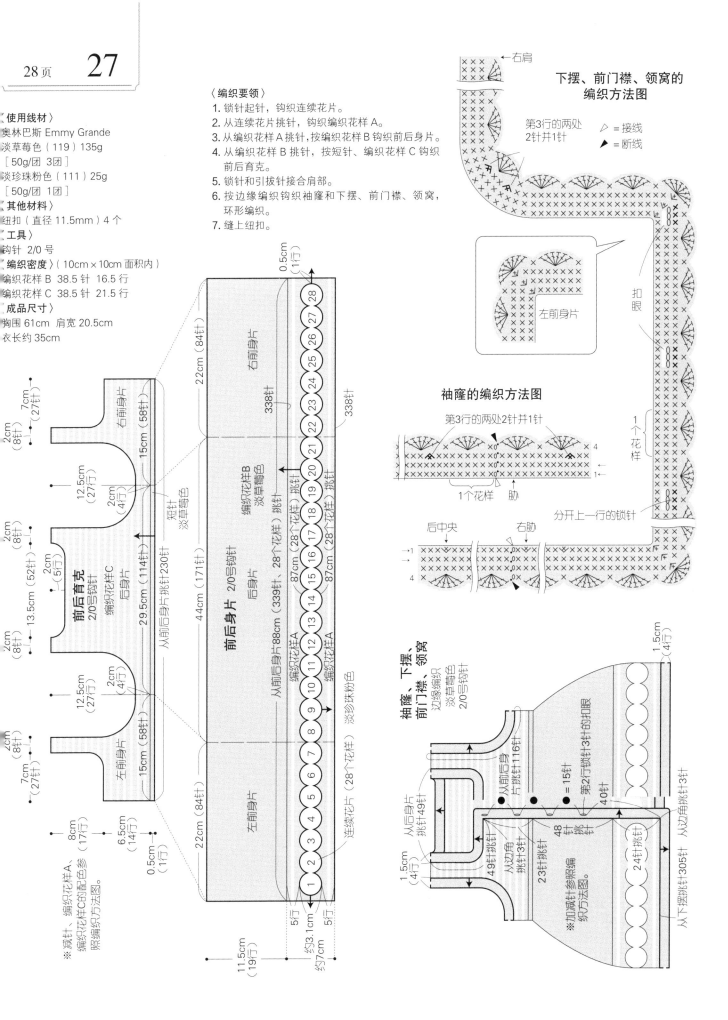

〈使用线材〉
奥林巴斯 Emmy Grande
淡草莓色（119）135g
［50g/团 3团］
淡珍珠粉色（111）25g
［50g/团 1团］
〈其他材料〉
纽扣（直径 11.5mm）4 个
〈工具〉
钩针 2/0 号
〈编织密度〉（10cm×10cm 面积内）
编织花样 B 38.5针 16.5行
编织花样 C 38.5针 21.5行
〈成品尺寸〉
胸围61cm 肩宽20.5cm
衣长约35cm

〈编织要领〉
1. 锁针起针，钩织连续花片。
2. 从连续花片挑针，钩织编织花样 A。
3. 从编织花样 A 挑针，按编织花样 B 钩织前后身片。
4. 从编织花样 B 挑针，按短针、编织花样 C 钩织前后育克。
5. 锁针和引拔针接合肩部。
6. 按边缘编织钩织袖窿和下摆、前门襟、领窝，环形编织。
7. 缝上纽扣。

下摆、前门襟、领窝的编织方法图

右肩

第3行的两处2针并1针

△ = 接线
▶ = 断线

左前身片

扣眼

1个花样

袖窿的编织方法图

第3行的两处2针并1针

1个花样
肋

后中央　右肋

分开上一行的锁针

※减针、编织花样A、编织花样C的配色参照编织方法图。

前后育克
2/0号钩针

前后身片
2/0号钩针

左前身片　右前身片　后身片

连续花片（28个花样）

袖窿、下摆、前门襟、领窝
边缘编织 淡草莓色 2/0号钩针

※加减针参照编织方法图。

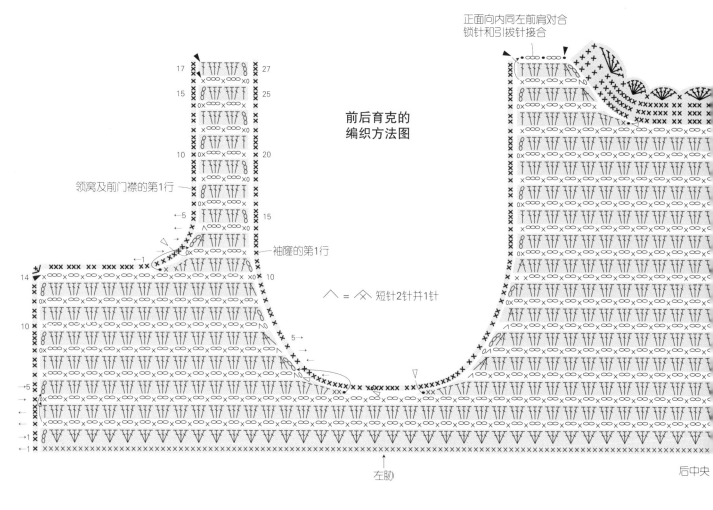

前后育克的
编织方法图

正面向内同左前肩对合
锁针和引拔针接合

领窝及前门襟的第1行

袖隆的第1行

∧ = 短针2针并1针

左胁

后中央

前后身片的编织方法图

左胁

前门襟的第1行

连续花片
编织起点
（锁针14针起针）

锁针16针

在此范围（从84针挑76针）内重复下摆边缘编织第1行的挑针（仅第4次最后把∧按×钩织）

左胁

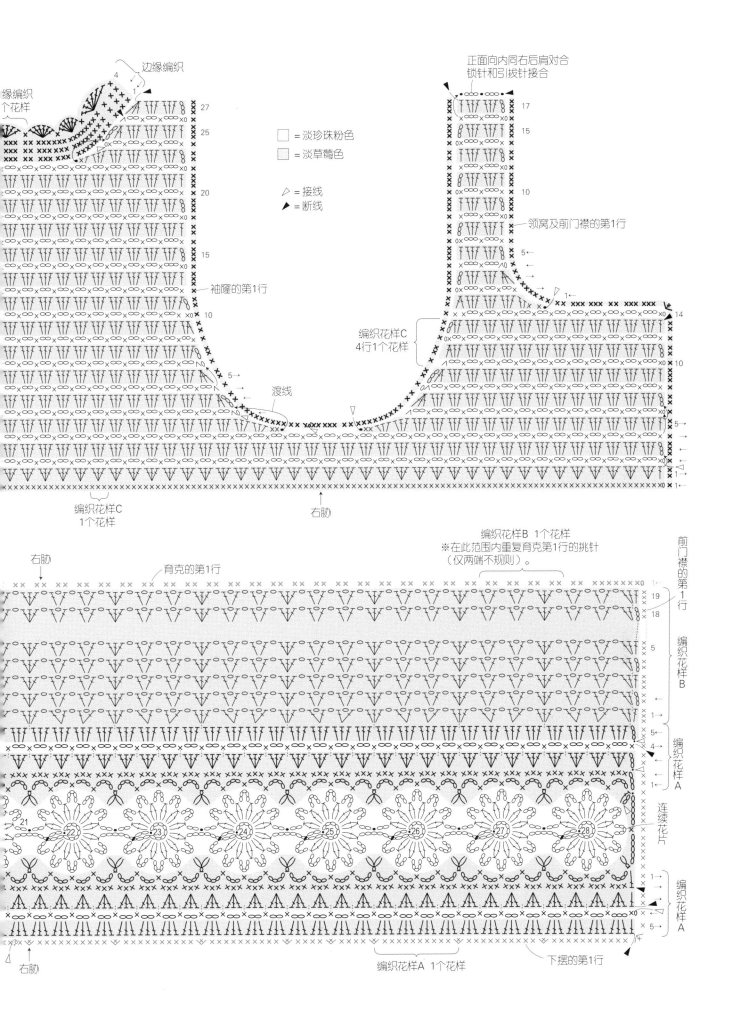

边缘编织

缘编织
个花样

正面向内同右后肩对合
锁针和引拔针接合

□ = 淡珍珠粉色
▨ = 淡草莓色

▷ = 接线
▶ = 断线

领窝及前门襟的第1行

袖窿的第1行

编织花样C
4行1个花样

渡线

编织花样C
1个花样

右胁

编织花样B 1个花样
※在此范围内重复育克第1行的挑针
（仅两端不规则）。

右胁

育克的第1行

前门襟的第1行

编织花样B

编织花样A

连续花片

编织花样A

编织花样A 1个花样

下摆的第1行

右胁

83

※前接80页。

和3连接　　　　和4连接

靠垫套的编织方法图

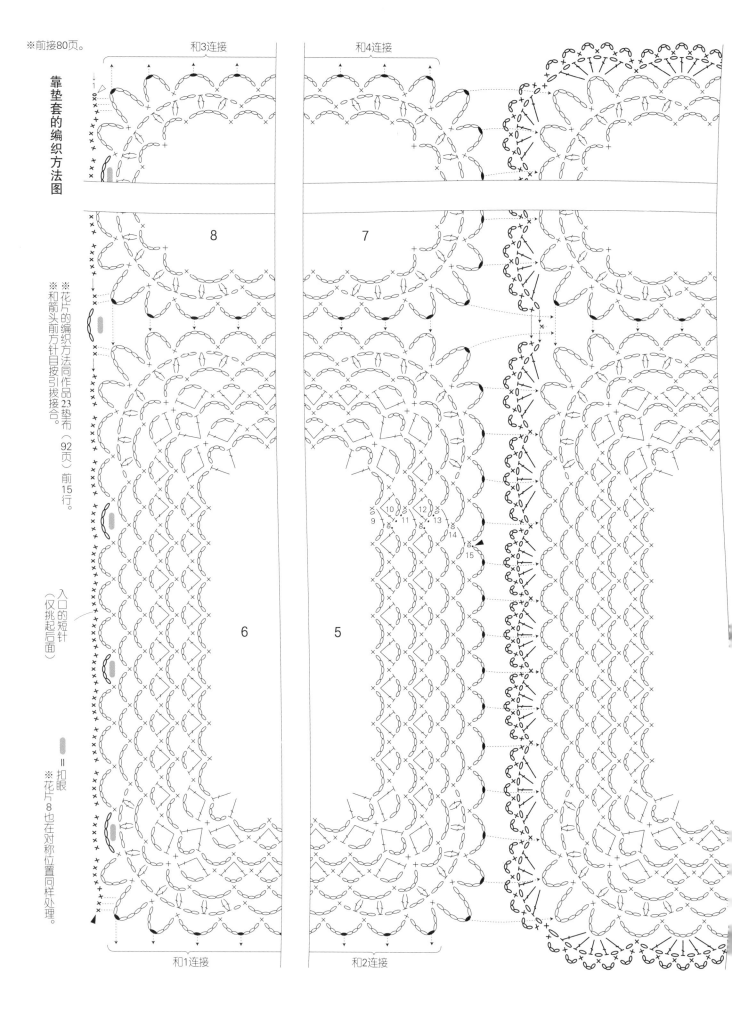

※花片的编织方法同作品23垫布（92页）前15行。
※和箭头前方针目按引拔接合。

入口的短针（仅挑起后面）

▇＝扣眼
※花片8也在对称位置同样处理。

8　　7

6　　5

9　10　11　12　13　14　15

和1连接　　　　和2连接

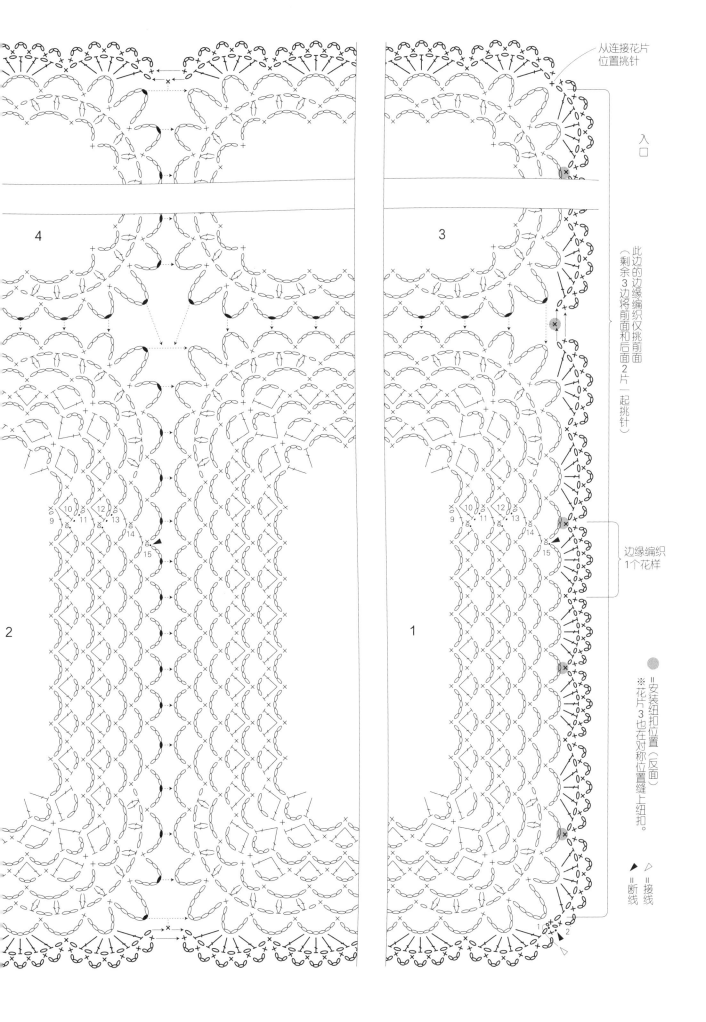

〈使用线材〉
奥林巴斯 Emmy Grande
天空蓝色（341）240g
［50g/团 5团］
〈工具〉
钩针 2/0 号
〈成品尺寸〉
长 63cm 宽 83cm
〈编织要领〉
1. 线环起针，钩织 1 片花片。
2. 第 2 片之后，在最终行钩织连接于相
　邻的花片，共钩织 12 片。
3. 接第 12 片花片，钩织边缘编织。

※ 花片的编织方法同作品 23 垫布（92 页）前 15 行。
※ 和箭头前方针目按引拔接合。

盖毯　2/0号钩针

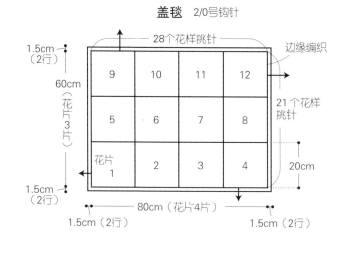

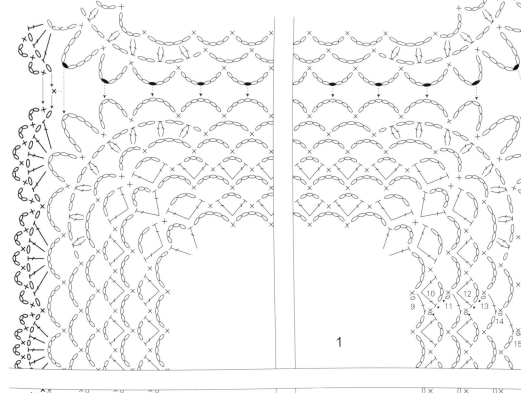

1

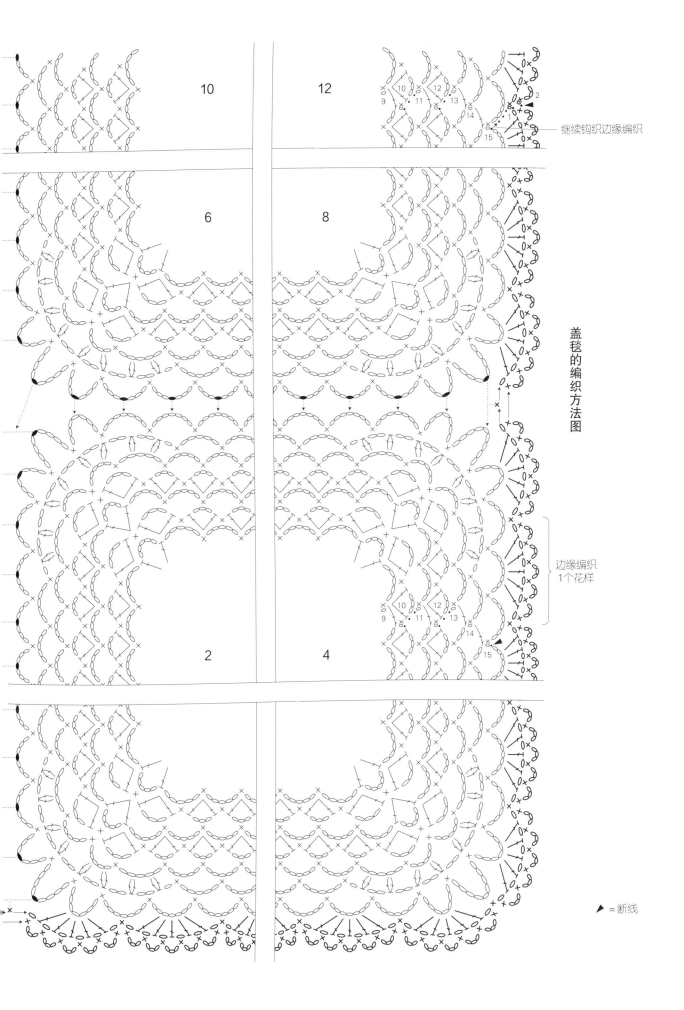

继续钩织边缘编织

盖毯的编织方法图

边缘编织
1个花样

▶ = 断线

〈使用线材〉
奥林巴斯 Emmy Grande
淡草莓色（119）45g［50g/团 1团］
淡珍珠粉色（111）10g［50g/团 1团］
〈工具〉
钩针 2/0 号、3/0 号
〈编织密度〉（10cm×10cm 面积内）
长针 38.5 针 14 行
〈成品尺寸〉
帽围 47cm 帽深约 13.5cm
〈编织要领〉
1. 锁针起针，钩织连续花片并连成环状。
2. 从连续花片挑针，将编织花样钩织成环状。
3. 从编织花样挑针，按长针将帽顶环形编织并收口。
4. 从连续花片的另一侧挑针，将编织花样、短针钩织成环状。
5. 接着，按长针和边缘编织将帽檐环形编织。

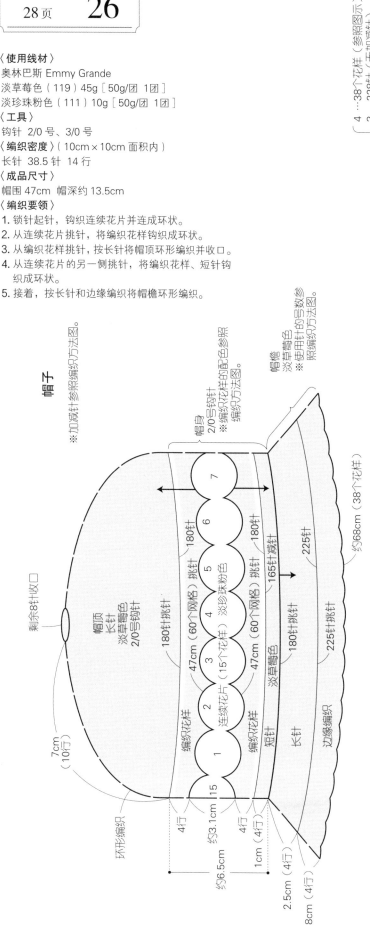

帽子

※加减针参照编织方法图。

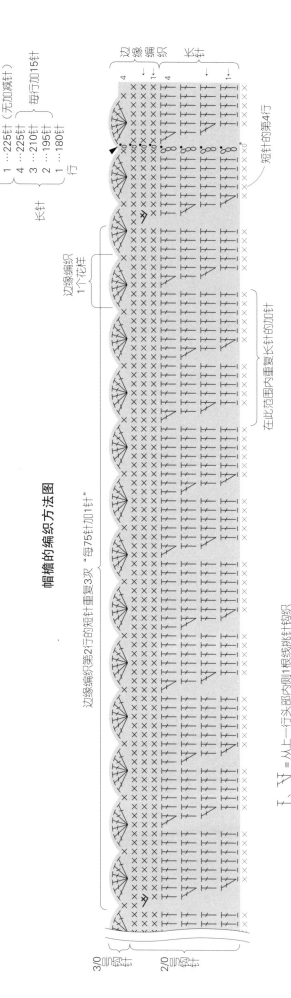

帽檐的编织方法图

边缘编织第2行头部的短针重复3次"每75针加1针"

↑、∀＝从上一行头部内侧1根线挑针钩织

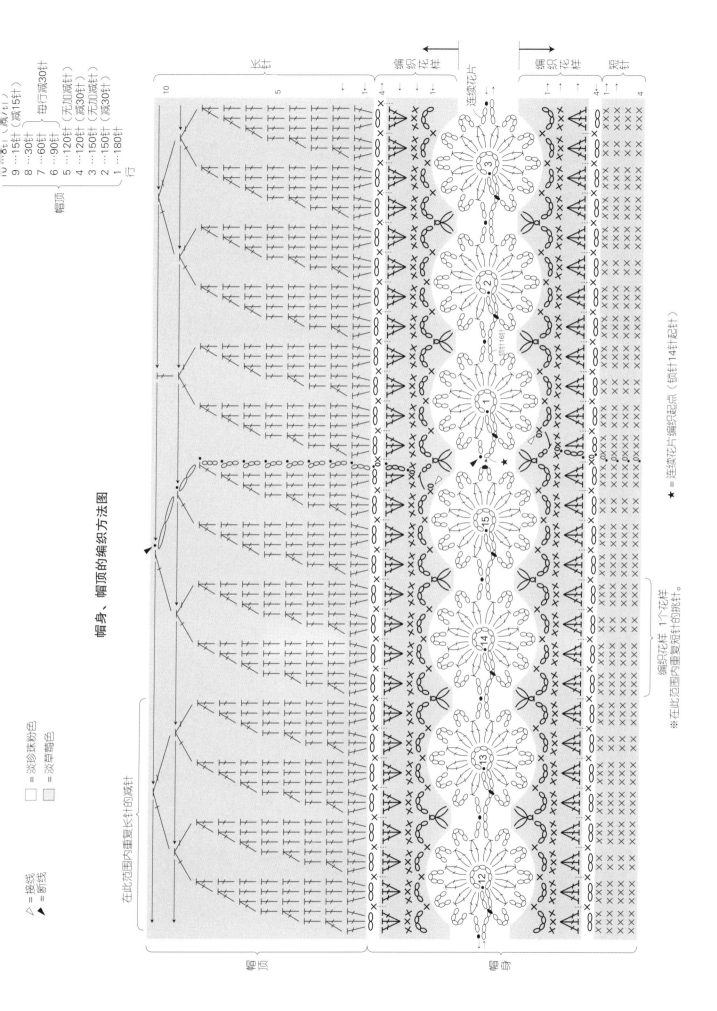

帽身、帽顶的编织方法图

△ = 接线
□ = 淡珍珠粉色
■ = 淡草莓色

▲ = 断线

长针

编织花样

连续花片

编织花样

短针

10

5

↓ 1↑

4↓ ↓ ↓ 1↑

↑

1↑ ↑ ↑ 4↑

1↑ ↑

4

锁针16针

★ = 连续花片编织起点（锁针14针起针）

编织花样 1个花样

※在此范围内重复短针的挑针。

在此范围内重复长长针的减针

在此范围内重复长针的减针

帽顶

帽身

帽顶

帽身

9 …15针（减15针）
8 …30针
7 …60针 每行减30针
6 …90针
5 …120针（无加减针）
4 …120针（减30针）
3 …150针（无加减针）
2 …150针（减30针）
1 …180针

行

〈使用线材〉
奥林巴斯 Emmy Grande
米白色（800）35g［50g/团　1团］
〈工具〉
钩针　2/0 号
〈编织密度〉
颈围约30cm　长约11cm
〈编织要领〉
1. 锁针起针，按编织花样、长针钩织主体。
2. 从主体挑针，钩织短针、边缘编织。
3. 短针接线，按锁针、引拔针钩织绳带。
4. 线环起针，按短针钩织球球，并缝于绳带前端。

主体
2/0号钩针

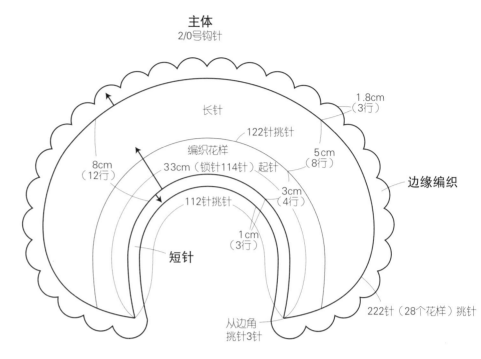

长针

1.8cm
（3行）

122针挑针

编织花样
33cm（锁针114针）起针

8cm
（12行）

5cm
（8行）

边缘编织

3cm
（4行）

112针挑针

短针

1cm
（3行）

从边角
挑针3针

222针（28个花样）挑针

※加减针参照编织方法图。

球球（2个）
短针
2/0号钩针

编织终点的线头
留约20cm

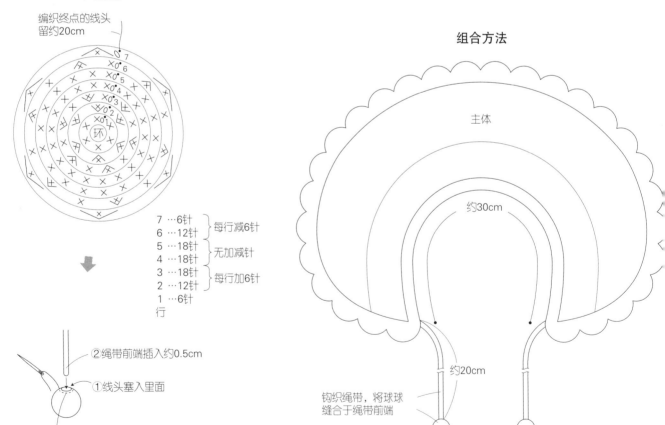

7 …6针
6 …12针　每行减6针
5 …18针　无加减针
4 …18针
3 …18针
2 …12针　每行加6针
1 …6针
行

②绳带前端插入约0.5cm
①线头塞入里面
③编织终点收口，将球球缝合于绳带

组合方法

主体

约30cm

约20cm

钩织绳带，将球球
缝合于绳带前端

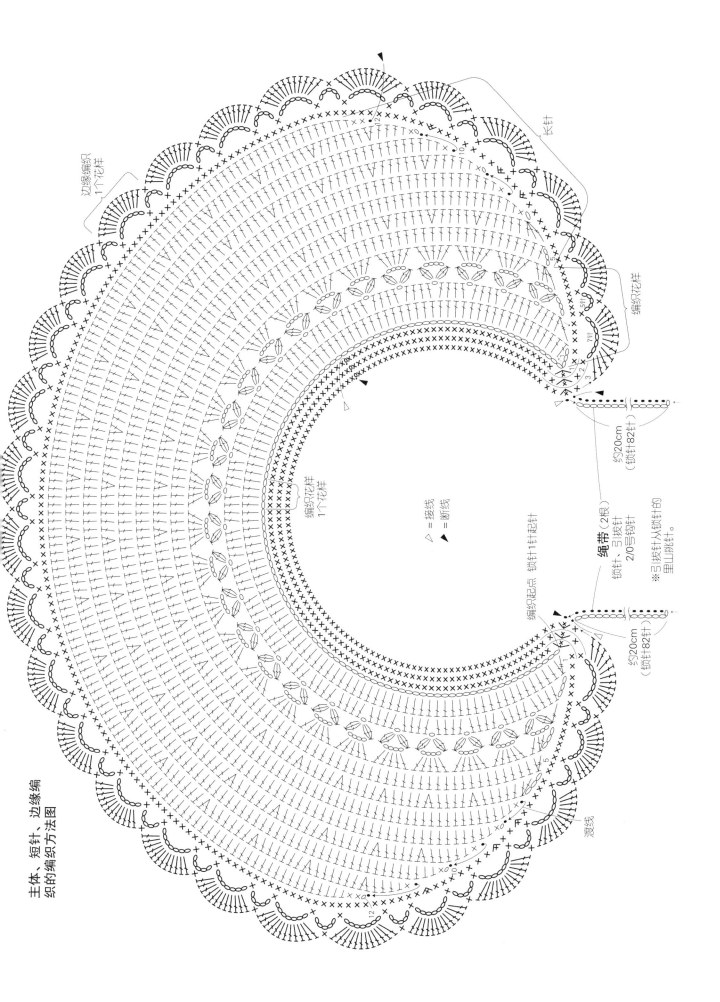

主体、短针、边缘编
织的编织方法图

边缘编织
1个花样

长针

编织花样

编织花样
1个花样

编织起点 锁针1针起针

△ = 接线
▲ = 断线

绳带（2根）
锁针、弓拔针
2/0号钩针

※弓拔针入锁针的
里山挑针。

约20cm
（锁针82针）

约20cm
（锁针82针）

渡线

〈使用线材〉
奥林巴斯 Emmy Grande
米白色（800）23g［50g/团　1团］

〈工具〉
钩针 2/0 号

〈成品尺寸〉
长 22cm 宽 22cm

〈编织要领〉
线环起针，钩织垫布。

▶ =断线　　◯ =下一行将此锁针分开后挑针

垫布的编织方法图
2/0号钩针

※第6行之前的编织方法同
作品22杯垫（80页）。

22cm

钩织前的准备

图解的看法

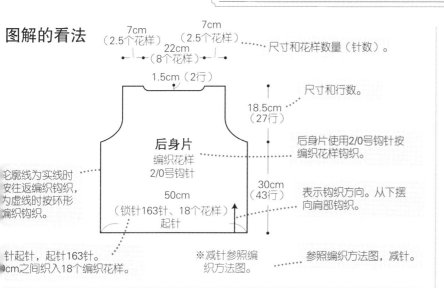

7cm（2.5个花样）　7cm（2.5个花样）

22cm（8个花样）

1.5cm（2行）

后身片
编织花样
2/0号钩针

50cm
（锁针163针、18个花样）
起针

— 尺寸和花样数量（针数）。

18.5cm（27行）　— 尺寸和行数。

— 后身片使用2/0号钩针按编织花样钩织。

30cm（43行）　— 表示钩织方向。从下摆向肩部钩织。

轮廓线为实线时按往返编织钩织，为虚线时按环形编织钩织。

针起针，起针163针。cm之间织入18个编织花样。

※减针参照编织方法图。　— 参照编织方法图，减针。

＊编织方法图的看法

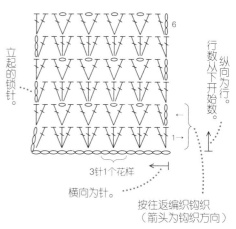

立起的锁针

行数从下开始数。

纵向为行。

横向为针。

3针1个花样

按往返编织钩织（箭头为钩织方向）

编织密度

"编织密度"是指织片的密度，表示10cm×10cm面积内的针数和行数。编织密度因人而异，所以使用本书指定的线及针，未必能够实现相同尺寸。因此，务必试织，弄清自己的编织密度。

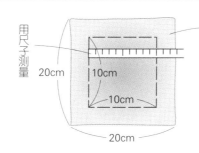

用尺子测量

20cm

10cm

10cm

20cm

试织的织片
（由于织片边缘附近部分的针目大小不一致，所以按20cm×20cm面积内编织。）

蒸汽熨烫压平针目之后，数一数中央10cm×10cm面积内的针数及行数。

※比书中指定编织密度的针数及行数多（针目紧）则替换成偏粗的钩针，少（针目松）则替换成偏细的钩针，以此调节。

往返编织和环形编织

往返编织

行交替按箭头方向看着正面和反面编织。（箭头向左时看着正面编织，箭头向右时看着反面编织）

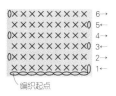

编织起点　编织起点

环形编织

〈从中心开始编织〉

线环起针，从中心向外侧编织。始终看着正面的同时，沿逆时针方向编织。

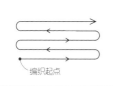

环

〈编织成筒状〉

锁针起针连成线环，每编织完成1行，就和该行的最初针目用引拔针连成环形。以此，呈螺旋状向上编织。

编织起点

编织起点

立起的锁针

行的最初位置，按该行针目高度相同尺寸编织的锁针称为"立起的锁针"。除短针以外，立起的锁针均视为该行最初的1针。

短针

1针

立起的1针锁针

中长针

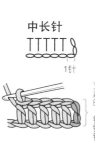

1针

立起的2针锁针

长针

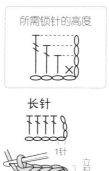

1针

立起的3针锁针

所需锁针的高度

＊头部的锁针

在描述挑针或缝合等时，出现"头部的锁针"这个表述，实际表示下图部分。

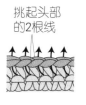

头部的锁针

※头部的锁针下方部分称为"底部"。

挑起头部外侧的1根线

挑起头部内侧的1根线（半针）

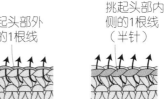

挑起头部的2根线

钩针编织的基础知识

钩织技法

✻起针

 锁针起针

① 钩针贴住外侧，如箭头所示将钩针转动1圈。

② 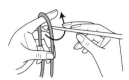 线缠绕于钩针。左手捏住缠绕好的线的底部，挂线于钩针并拉出。

③ 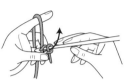 挂线于钩针并拉出。

④ 以此重复钩织。

线环起针

※按短针钩织第1行的状态进行说明。

① 挂线于手指2圈。

②  钩针插入线环，挂线并拉出。

③ 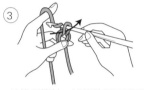 挂线于钩针，如箭头所示引拔。

④  钩织第1行立起的锁针，然后将钩针插入线环中，如箭头所示挂线并拉出，钩织短针。

⑤  将所需针数钩入线环之后，拉扯线头，将在动的一个线环收紧。

⑥  拉动线头，收紧另一个线环。

⑦ 如箭头所示将钩针插入第1针的短针，钩织引拔针。

锁针制作线环起针

※按长针钩织第1行的状态进行说明。

①  钩织锁针，钩针插入最初的针圈。

② 挂线引拔。

③ 钩织3针第1行立起的锁针。

④ 挂线于钩针，如箭头所示插入钩针。

⑤ 钩织长针。

⑥ 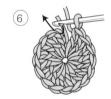 钩织完成所需针数之后，如箭头所示将钩针插入立起的第3锁针，钩织引拔针。

✻编织符号

锁针

① 挂线引拔。

② 以此重复钩织。

※挂于钩针的线环不算入1针。

③

引拔针

① 如箭头所示插入钩针。

② 挂线于钩针，一并引拔。

短针

① 立起的1针锁针

② ③ ④

狗牙针
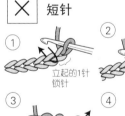

钩织3针锁针，如箭头所示插入钩针。

① ② ③

挂线于钩针，一并引拔。

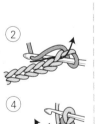

中长针
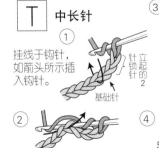

① 挂线于钩针，如箭头所示插入钩针。针立起锁针的2 基础针

② ③ 将挂于钩针的线环一并引拔。

④

长针

① 挂线于钩针，如箭头所示插入钩针。针立起锁针的3 基础针

② ③ ④ ⑤

挂线于钩针，如箭头所示插入钩针。

将挂于钩针的线环2个1组引拔。

长长针
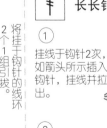

① 挂线于钩针2次，如箭头所示插入钩针，挂线并拉出。2次 针立起锁针的4 基础针

将挂于钩针的线环2个1组引拔。

② ③ ④ ⑤

将挂于钩针的线环2个1组引拔。

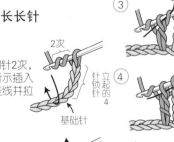

反短针 … p.72

94

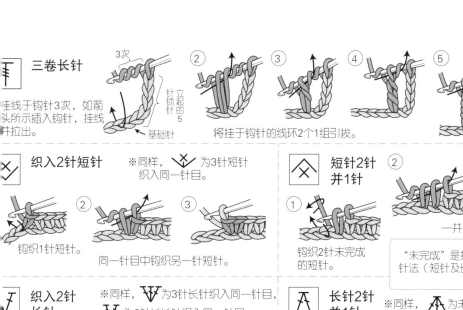

三卷长针

挂线于钩针3次，如箭头所示插入钩针，挂线拉出。

3次　针上锁针的立起的5　基础针

将挂于钩针的线环2个1组引拔。

条纹针（短针）

※ 、 同样插入钩针钩织。

钩针插入上一行头部的外侧1根线。

钩织短针。

※普通短针为挑起上一行头部的2根线。

织入2针短针

※同样， 为3针短针织入同一针目。

钩织1针短针。

同一针目中钩织另一针短针。

短针2针并1针

钩织2针未完成的短针。

一并引拔。

"未完成"是指之后再引拔1次，则针法（短针及长针等）可以完成。

织入2针长针

※同样， 为3针长针织入同一针目， 为2针长长针织入同一针目。

1针长针。

同一针目中再钩织1针长针。

长针2针并1针

※同样， 为未完成的3针长针一并引拔， 为2针长长针一并引拔。

钩织2针未完成的长针。

一并引拔。

3针中长针的枣形针

上一行同一针目中钩织3针未完成的中长针。

第1针　第2针

一并引拔。

2针长针的枣形针

上一行同一针目中钩织2针未完成的长针。

一并引拔。

※同样， 为未完成的3针长针一并引拔， 为2针长长针一并引拔。

3针中长针的变形枣形针

※ 为钩织未完成的4针中长针，同样处理。

第1针　第2针　第3针

从上一行同一针目织出未完成的3针中长针，挂线于钩针，如箭头所示仅将中长针一并引拔。

挂线于钩针，从剩余2个线环中一并拉出。

短针的正拉针

箭头所示插入，挂线并拉

钩织短针。

长针的正拉针

※看着织片反面钩织正拉针时，钩织反拉针。

如箭头所示插入钩针，挂线并拉出。

钩织长针。

长针的反拉针

※看着织片反面钩织反拉针时，钩织正拉针。

如箭头所示插入钩针，挂线并拉出。

钩织长针。

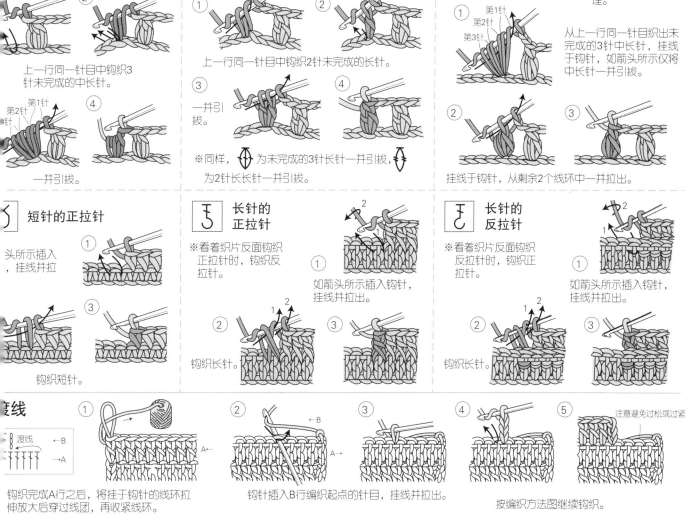

接线

渡线　←B　→A

钩织完成A行之后，将挂于钩针的线环拉伸放大后穿过线团，再收紧线环。

钩针插入B行编织起点的针目，挂线并拉出。

注意避免过松或过紧

按编织方法图继续钩织。

✲花片连接方法

引拔接合

①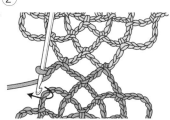

② 从连接对象织片的正面插入钩针，钩织引拔针。

头部接合

①

先从针目中取下钩针，从连接对象织片的正面插入钩针后拉出线，钩织下一个针目。

②

③

✲挑起成一束

从上一行锁针中挑针时，如箭头所示插入钩针，将锁针完全挑起就是"挑起成一束"。

"分开针目"和"挑起成一束"

织入2针以上针目的记号中，分为记号下方闭合及敞开的情况。也就是表示从上一行挑针时，分开针目挑针或挑起成一束的区别。

●分开针目织入　　记号下方闭合

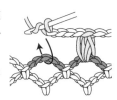

●挑起成一束　　记号下方敞开

✲收口

①

将编织终点的线头穿入手缝针，如箭头所示挑起最终行头部的内侧1根线。

②

线收紧之后穿入反面，藏入织片之后剪断。

✲换线方法和线头处理方法

织片中间换线方法

换线针目的前一个针目完成时，换成新线。

织片边缘换线方法

换线行的上一行最后针目完成时，换成新线。

线头不打结，各留8cm，编织结束之后处理

行末换线方法

钩织换线行的上一行最后的引拔针时，换成新线。

线头处理方法

作品钩织完成后，线头穿入手缝针，藏入织片反面。

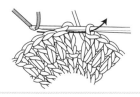

✲缝合、接合

锁针和引拔针缝合

※锁针的针数根据花样进行调节。

① 正面向内对合2片织片，如箭头所示将行和行的边界一并挑起，钩织引拔针。接着，钩织锁针。

※"锁针和短针缝合"是指同样重复钩织锁针和短针，将织片连在一起。

② 　锁针　引拔针　锁针

重复步骤①。

挑针接合

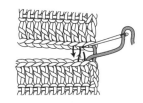

手缝针穿线，如箭头所示插入针目挑起。

引拔针接合

　正面　反面

正面向内对合2片织片，挑起头部的锁针2根线，钩织引拔针。

锁针和引拔针接合

※锁针的针数通过花样进行调节。

① 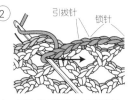　锁针

② 　引拔针　锁针

从正面看到的图

正面向内对合2片织片，重复钩织引拔针和锁针，将织片连在一起。

※"锁针和短针接合"是指同样重复钩织锁针和短针，将织片连在一起。

其他技法

卷针缝合

纽扣缝法

① 　纽扣（反面）　打结

② 　纽扣　绕线3~4圈　根据织物厚度决定线柱长度　织物

备案号：豫著许可备字-2022-A-0096

图书在版编目（CIP）数据

优雅的钩针编织. 超实用毛衫和小物 / 日本靓丽社编著；张艳辉译. —郑州：河南科学技术出版社，2024.3
ISBN 978-7-5725-1425-8

Ⅰ.①优…　Ⅱ.①日…　②张…　Ⅲ.①钩针—编织—图解　Ⅳ.①TS935.521-64

中国国家版本馆CIP数据核字（2024）第031758号

出版发行：河南科学技术出版社
　　　　　地址：郑州市郑东新区祥盛街27号　　邮编：450016
　　　　　电话：（0371）65737028　　65788613
　　　　　网址：www.hnstp.cn
策划编辑：余水秀
责任编辑：余水秀
责任校对：耿宝文
封面设计：张　伟
责任印制：徐海东
印　　刷：河南新达彩印有限公司
经　　销：全国新华书店
开　　本：889 mm×1 194 mm　1/16　印张：6　字数：180千字
版　　次：2024年3月第1版　　2024年3月第1次印刷
定　　价：49.00元

如发现印、装质量问题，影响阅读，请与出版社联系并调换。

用蕾丝线精心钩织的
春夏毛衫和小物

策划编辑　余水秀
责任编辑　余水秀
责任校对　耿宝文
封面设计　张　伟
责任印制　徐海东

河南科学技术出版社
抖音账号

河南科学技术出版社
天猫旗舰店

手工图书百花园
微信公众号

分类建议：生活/手工

ISBN 978-7-5725-1425-8

9 787572 514258

定价：49.00 元

欧洲编织

Let's knit series

宝库编织

编织 21

精心搭配的编织

日本宝库社 编著

蒋幼幼 译

时尚毛衫和个性包包的绝美搭配，让你成为别致亮点，尽享出行愉悦

中原出版传媒集团
中原传媒股份公司

河南科学技术出版社

目 录

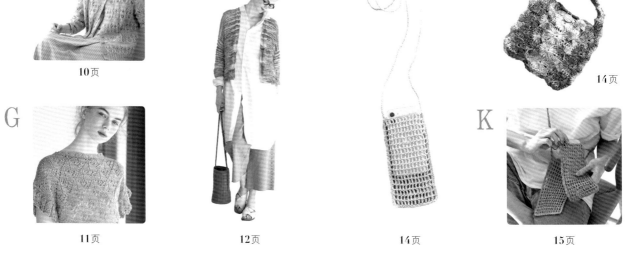

●本书编织图中未注明单位的表示长度的数字均以厘米（cm）为单位。